荒漠化防治看中国

China's Combating Desertification

卢琦　崔桂鹏◎主编

Edited by Lu Qi and Cui Guipeng

中国林业出版社

图书在版编目（CIP）数据

荒漠化防治看中国 / 卢琦, 崔桂鹏主编. -- 北京：
中国林业出版社, 2023.8
ISBN 978-7-5219-2305-6

Ⅰ.①荒… Ⅱ.①卢… ②崔… Ⅲ.①沙漠化—防治
—成就—中国 Ⅳ.①P941.73

中国国家版本馆CIP数据核字(2023)第153743号

出 版 人：成　吉
总 策 划：成　吉　李风波
策划编辑：宋博洋　肖　静
责任编辑：宋博洋　肖　静
装帧设计：北京八度出版服务机构
————————————————

出版发行：中国林业出版社
　　　　　（100009，北京市西城区刘海胡同 7 号，电话 83143577）
电子邮箱：cfphzbs@163.com
网址：www.forestry.gov.cn/lycb.html
印刷：河北京平诚乾印刷有限公司
版次：2023 年 8 月第 1 版
印次：2023 年 8 月第 1 次印刷
开本：710mm×1000mm　1/16
印张：16.25
字数：150 千字
定价：160.00 元

《荒漠化防治看中国》

专家咨询组

组　长：张守攻

副组长：卢　琦　　孟　平

成　员（以姓氏笔画为序）：

王忠静	朱教君	刘世荣	李晓松	肖春蕾
张双虎	林克剑	赵　勇	崔丽娟	雷加强

编写工作组

主　编：卢　琦　　崔桂鹏

副主编：却晓娥　　林　琼

成　员（以姓氏笔画为序）：

王　锋	王瑞霞	王翠萍	孔维远	包英爽
乔建芳	刘思敏	孙　涛	纪　平	李永华
李思瑶	李晓雅	李新乐	杨　柳	杨昊天
杨岩岩	张景波	陈　列	尚博譞	周　杰
周尚哲	昝国盛	宫丽彦	贾晓红	党宏忠
高　攀	高君亮	曹晓明	崔向慧	崔梦淳
程磊磊	熊　伟	戴　蒙		

统　稿：卢　琦　　崔桂鹏　　却晓娥

审　定：唐芳林　　刘雄鹰　　李拥军　　屠志方　　严　剑

China's Combating Desertification

代 序①

2023年6月6日，习近平总书记在内蒙古自治区巴彦淖尔市主持召开加强荒漠化综合防治和推进"三北"等重点生态工程建设座谈会并发表重要讲话，强调加强荒漠化综合防治，深入推进"三北"等重点生态工程建设，事关我国生态安全、事关强国建设、事关中华民族永续发展，是一项功在当代、利在千秋的崇高事业。要勇担使命、不畏艰辛、久久为功，努力创造新时代中国防沙治沙新奇迹，把祖国北疆这道万里绿色屏障构筑得更加牢固，在建设美丽中国上取得更大成就。我们要认真学习贯彻落实习近平总书记的重要讲话精神，切实用以统一思想、统一意志、统一行动，努力把习近平总书记擘画的宏伟蓝图变成美好现实。

深刻认识打好"三北"工程攻坚战、创造新时代中国防沙治沙新奇迹的重大意义，切实增强思想自觉、政治自觉、行动自觉

习近平总书记的重要讲话思想深邃、内涵深刻、影响深远，蕴含着我们党对生态文明和美丽中国建设的最新理论成果和实践成果，彰显了我们党加强荒漠化综合防治和推进"三北"工程建设的坚定意志和坚强决心，为三北地区防沙治沙和经济社会高质量发展提供了根本遵循和行动指南。

习近平总书记亲自部署召开座谈会，具有标志性意义。习近平总书记十分重视防沙治沙和"三北"工程建设，在党的十九大报告中强调要推进荒漠化、石漠化、水土流失综合治理。2018年对"三北"工程建设40周年作出重要批示时指出，

---

① 原文刊登于《学习时报》2023年7月5日第1961期第一版，标题为《打好"三北"工程攻坚战 努力创造新时代中国防沙治沙新奇迹》，作者为国家林业和草原局局长关志鸥。

继续推进"三北"工程建设不仅有利于区域可持续发展，也有利于中华民族永续发展。党的十八大以来，习近平总书记多次实地考察防沙治沙情况，对防沙治沙作出一系列深刻论述。2023年6月6日，习近平总书记亲自主持召开座谈会专题研究部署防沙治沙和"三北"工程工作，具有标志性和里程碑意义。这标志着防沙治沙和"三北"工程建设进入了巩固成果、滚石上山、攻坚克难的新阶段，标志着我们党对解决荒漠生态治理这一世界级难题的认识和实践达到了新高度，必将载入我国生态文明建设史册，开启人类防沙治沙的历史新篇章。

习近平总书记赋予"三北"工程为国家重大战略，具有全局性意义。习近平总书记指出，"三北"工程是生态文明建设的一个重要标志性工程，像"三北"防护林体系建设这样的重大生态工程，只有在中国共产党领导下才能干成。实施"三北"工程是国家重大战略，要把"三北"防护林体系建设这件事抓好。这是我们党首次把一个大型生态建设工程上升为国家重大战略，充分表明"三北"工程在党和国家工作全局中的战略地位更加重要、战略价值更加凸显。"三北"工程从启动之日起，就始终与中华民族生存发展息息相关，与人民群众生产生活紧密相连；就始终是我国生态建设的骨干工程，是保障粮食安全、水安全、能源安全、气候安全等重大战略的基础工程，对筑牢我国北方生态安全屏障、改善三北地区人民群众生产生活条件、拓展中华民族生存发展空间，发挥着极其重要的作用。

习近平总书记发出打好"三北"工程攻坚战、创造新时代中国防沙治沙新奇迹伟大号召，具有历史性意义。习近平总书记强调，人类要更好地生存和发展，就一定要防沙治沙。党中央关于防沙治沙特别是"三北"等工程建设的决策是非常正确、极富远见的，我国走出了一条符合自然规律、符合国情地情的中国特色防沙治沙道路。1978年，为解决我国三北地区风沙危害和水土流失等突出问题，党中央决定启动实施"三北"工程，开启了我国大规模治理风沙、改善生态的先河。45

年来，"三北"工程区森林覆盖率由5.05%增长到13.84%，45%以上可治理沙化土地面积得到初步治理，61%的水土流失面积得到有效控制，4.5亿亩农田得到有效庇护，"三北"工程成为干旱半干旱地区生态治理的成功典范。迈入新征程，习近平总书记高瞻远瞩、把脉定向，向全党发出了打好"三北"工程攻坚战、创造新时代中国防沙治沙新奇迹的伟大号召，科学回答了新时代如何认识防沙治沙和"三北"工程、怎样推进防沙治沙和"三北"工程等重大课题，为三北地区生态建设明确了新航标，提供了"金钥匙"。在建设人与自然和谐共生的现代化的伟大进程中，探索解决人类一直面临的治沙难题，为民族永续发展守护好根和脉，这是历史交给我们这代人的重大使命。

坚决扛起防沙治沙政治责任，坚决打好新时代"三北"工程三大标志性战役，以实际行动践行"两个维护"

经过长期不懈努力，我国防沙治沙工作取得举世瞩目的巨大成就，颁布实施了世界上第一部防沙治沙法，率先在世界范围内实现了土地退化"零增长"，重点沙区实现了"沙进人退"到"绿进沙退"的转变。同时也要看到，防沙治沙工作具有长期性、艰巨性、反复性和不确定性，沙化土地面积大、分布广、程度深、治理难的基本面尚未根本改变。我国三北地区分布着全国84%的沙化土地和八大沙漠、四大沙地，有7个强风蚀区、34个风沙口和3条主要沙尘暴路径区，这里是我国自然条件最恶劣、生态最脆弱的地区，是我国生态保护修复的攻坚区、防沙治沙的核心区，也是我国林业发展潜力最大的地区。

习近平总书记在座谈会上的重要讲话，既科学擘画了宏伟蓝图、美好目标，又明确了作战图、路线图，既是动员令，又是宣言书。新时代"三北"工程建设的大幕已经拉开，我们要以实际行动践行"两个维护"，坚决扛起防沙治沙政治责任和历史重任，为历史、为人民留下宝贵的绿色财富。

保持定力走中国特色防沙治沙道路。这是创造新时代中国防沙治沙新奇迹的基本保证。我们要坚持以习近平生态文明思想特别是习近平总书记关于防沙治沙和"三北"工程的重要讲话指示批示精神为统领，全面加强党的领导，充分发挥社会主义制度集中力量办大事的优势，创新防沙治沙体制机制，充分调动各方面的积极性，进一步完善以规划为引领、以法治为基础、以工程为抓手、以政策为保障、以考核为导向、以社会为主体的防沙治沙格局，为全球荒漠生态治理和生态文明建设贡献中国智慧、中国方案。

集中发力打好三大标志性战役。这是创造新时代中国防沙治沙新奇迹的主要抓手。习近平总书记作出了打好"三北"工程攻坚战，特别是全力打好黄河"几字弯"攻坚战，打好科尔沁、浑善达克两大沙地歼灭战，打好河西走廊—塔克拉玛干沙漠边缘阻击战的科学决策，明确了新时代"三北"工程的主攻方向和核心任务。这三大区域是防沙治沙的主战场，是北方生态安全屏障的重要脊梁。我们要聚焦每个区域的重点、难点、卡点，抓住系统治理这一"牛鼻子"，因地制宜、因害设防、分区施策、精准施策，强化全要素保障，尽锐出战、整体作战，确保如期打赢三大标志性战役。

持续用力巩固生态建设成果。这是创造新时代中国防沙治沙新奇迹的重要基础。"三北"地区能有今天的绿色来之不易，必须加大对已有成果的保护力度。持续实施天然林保护、京津风沙源治理、湿地保护修复和荒漠封禁保护，巩固退耕还林还草成果，加强森林可持续经营，提升生态系统多样性稳定性持续性。发挥林长制的利剑作用，加强森林草原湿地全面保护和休养生息，保护生态系统原真性和完整性。严格落实草原禁牧休牧和草畜平衡制度，加大毁林毁草开垦、超载过牧等整治力度。

持续用力、久久为功，锲而不舍筑牢我国北疆绿色长城、北方生态安全屏障

习近平总书记要求，坚持中央统筹、省负总责、市县抓落实的工作机制。林草部门要切实履行主管部门职责，切实提高政治站位，把学习贯彻落实习近平总书记重要讲话精神作为重大政治任务，与开展学习贯彻习近平新时代中国特色社会主义思想主题教育有机结合起来，以"时时放心不下"的责任感紧迫感，抓好抓实抓细各项工作，持续改善三北地区生态环境，筑牢绿色长城和生态安全屏障，为建设美丽中国作出新的更大贡献。

完整准确全面贯彻新发展理念。对于荒漠化地区来讲，防沙治沙和"三北"工程涵盖生态、生产、生活等多方面，牵一发而动全身。要把防沙治沙和"三北"工程纳入融入经济社会发展全局，摆在突出位置，坚持生态优先、绿色发展，坚持生态保护和民生改善相统一，充分发挥"三北"工程的生态效益、经济效益和社会效益，把"三北"工程打造成为践行习近平生态文明思想的标志性工程，统筹山水林田湖草沙一体化保护和系统治理的示范工程，引领全球荒漠生态治理的标杆工程。

构建协同推进工作格局。创造新时代中国防沙治沙新奇迹，必须牢牢树立一盘棋思想，推动形成大格局。坚持中央统筹、省负总责、市县抓落实的工作机制，建立加强荒漠化综合防治和推进"三北"等重点生态工程建设协调机制，为防沙治沙和"三北"工程建设注入强大动力。严格贯彻落实防沙治沙法，充分发挥林长制引领作用和防沙治沙责任机制作用。"三北"工程省（自治区、直辖市）和有关部门要同题共答、同频共振，加强政策协同，拿出真招、硬招、实招，健全"三北"工程资金支持和政策支撑体系，切实解决防沙治沙和"三北"工程建设的用水、用钱、用地等问题，协调解决区域性重要问题。

打好用好贯彻落实组合拳。对标对表习近平总书记重要讲话精神要求，坚持问题导向、目标导向，坚持系统思维、求真务实，尽快修编"三北"工程总体规划，编制"三北"工程六期规划和三大标志性战役实施方案，对三大战役实行挂图作战和包片督导，合理配置和保障"作战"资源与要素，积极争取设立防沙治沙重大科技专项，大力推广甘肃民勤、新疆柯柯牙、宁夏白芨滩、内蒙古磴口等地治沙模式，在三北地区广泛开展防沙治沙学习培训。办好库布其国际沙漠论坛，讲好防沙治沙中国故事。

大力弘扬"三北精神"、塞罕坝精神。习近平总书记强调，抓生态文明建设，既要靠物质，也要靠精神。面对防沙治沙和"三北"工程建设新任务新要求，我们要大力弘扬"三北精神"、塞罕坝精神，咬定青山不放松，一张蓝图绘到底，一茬接着一茬干，用实际行动书写沙海变林海、荒漠变绿洲的精彩华章。加大先进典型、英雄模范的选树、宣传、表彰等力度，形成关注、支持防沙治沙的浓厚社会氛围，鼓励和引导企业、集体、个人、社会组织等参与"三北"工程建设。加强人才队伍建设，培养一批能吃苦、讲奉献、立新功的"三北"工程建设生力军。

Foreword①

On June 6, 2023, General Secretary Xi Jinping organized a symposium on strengthening the comprehensive combating desertification and promoting the construction of the "Three-North" and other key ecological projects in Bayannur City, Inner Mongolia Autonomous Region, during which an important speech was delivered. General Secretary Xi Jinping emphasized that the strengthening of comprehensive measures to combat desertification and the further promotion of key ecological projects such as the "Three-North" were crucial for China's ecological security, national development, and sustainable future, and this noble endeavor served both present and future generations. We should courageously undertake the mission, fearlessly confront challenges, diligently strive for an extended period, and endeavor to create a new era miracle in China's fight against desertification. This will strengthen the northern ten-thousand-mile green barrier border of our motherland, thereby making significant contributions towards the development of an environmentally sustainable China. We should diligently examine and implement the essence of General Secretary Xi Jinping's significant discourse, effectively employing it to consolidate our collective volition, cognition, and conduct, while endeavoring to transform Xi's visionary blueprint into a splendid actuality.

Deeply understanding the great significance of fighting the battle of the "Three-North" project and creating a new miracle of China's combating desertification in the new era, and effectively strengthening the ideological, political, and operational consciousness

General Secretary Xi Jinping's significant speech embodies profound intellectual insights, nuanced connotations, and far-reaching impacts. The document encompasses the most recent theoretical and practical advancements of the Party regarding ecological

---

① The original article, titled "*Fighting the Battle of the 'Three-North' Project and Striving to Create a New Miracle in China's Desertification Combat in the New Era*", authored by Guan Zhiou, Director of the National Forestry and Grassland Administration, was published on July 5, 2023, on the first page of Issue 1961 of *Study Times*.

civilization and the construction of a beautiful China. It effectively showcases the Party's unwavering determination to strengthen comprehensive efforts in combating desertification and promoting the "Three-North" project, providing a fundamental guideline for both desertification control and high-quality economic development in the Three-North Regions.

General Secretary Xi Jinping personally deployed a symposium of landmark significance. General Secretary Xi Jinping places great significance on combating desertification and the implementation of the "Three-North" project. The report of the 19th CPC National Congress emphasized the necessity to promote comprehensive management strategies for desertification, rock desertification, and soil erosion. In 2018, during the commemoration of the 40th anniversary of the establishment of the "Three-North" project, it was emphasized that further advancing the construction of this initiative not only contributes to the sustainable development of the region but also fosters sustainable development within China. Since the 18th CPC National Congress, General Secretary Xi Jinping has conducted numerous field visits aimed at the prevention and treatment of desertification, engaging in a series of profound deliberations on combating and mitigating desertification. On June 6, 2023, General Secretary Xi Jinping personally convened a symposium to examine and implement strategies for combating desertification and the "Three-North" project, which holds significant landmark and milestone implications. This signifies that the combating of desertification and the construction of the "Three-North" project have entered a new stage of consolidating achievements, rolling stones up mountains, and overcoming obstacles and that our Party's understanding and practice of solving the world-class problem of desert ecological management has reached a new height. This will undoubtedly go down in the annals of China's ecological civilization construction and open a new chapter.

General Secretary Xi Jinping has conferred the "Three-North" project as a major national strategy with overall significance. Xi Jinping pointed out that the "Three-North" project was an important landmark project for the construction of ecological civilization which can only be accomplished under the leadership of the Communist Party of China. The implementation of the "Three-North" project constitutes a pivotal national strategy, necessitating the meticulous execution of the construction of the "Three-North" shelterbelt system. This marks the first instance in which our Party has elevated a large-scale ecological construction project to the status of a major national strategy, thereby fully exemplifying the increased importance and prominence of the "Three-North" project within the overall context of our Party and the state. The "Three-North" project has been intricately intertwined with China's development and the well-being of its people since its inception; it has consistently served as the cornerstone of China's ecological construction, constituting a fundamental initiative to ensure food security, water security, energy security, climate security, and other pivotal strategies. It assumes an exceedingly significant role in erecting a robust ecological security barrier in northern China, enhancing the production and living conditions of inhabitants in the "Three-North" areas while expanding opportunities for the survival and advancement of the Chinese nation.

General Secretary Xi Jinping issued a historic appeal to fight the battle of the "Three-North" project and create a new miracle for China's desertification eradication efforts. He also emphasized the importance of preventing and treating desertification for the survival and advancement of humanity. The decision made by the Party Central Committee on combating desertification, particularly regarding the implementation of the "Three-North" project, is highly commendable and demonstrates remarkable foresight. The Chinese government has developed a unique road to combat desertification that aligns with the principles of nature and takes into account national and local conditions. The implementation of the "Three-North" project was initiated by the Party Central Committee in 1978 to address prominent issues such as wind and sand hazards, soil erosion, and ecological degradation in the "Three-North" areas of China. This groundbreaking endeavor set a precedent for large-scale management of wind and sand as well as ecological improvement in China. The forest coverage rate of the "Three-North" project area has increased from 5.05% to 13.84% over the past 45 years, demonstrating a remarkable improvement in ecological management in arid and semi-arid regions. Moreover, more than 45% of the manageable sandy land area has been effectively managed, resulting in significant progress towards sustainable land use practices. Additionally, approximately 61% of the soil erosion area has been successfully controlled, contributing to enhanced soil conservation efforts. Furthermore, an impressive achievement is observed with effective protection measures implemented on around 450 million *mu* of farmland within the project area.

Embarking on a new endeavor, General Secretary Xi Jinping has issued an impassioned call to the entire Party, urging them to engage in the battle of the "Three-North" project and forge a novel marvel for China's desertification control in this era. This comprehensive appeal scientifically addresses crucial aspects such as recognizing effective strategies against desertification and promoting the "Three-North" project, thereby establishing a groundbreaking guideline for ecological construction in the "Three-North" region and presenting an innovative framework for advancing the development of this significant initiative. The project has established a new benchmark for ecological construction in the Three-North Region and provided an invaluable solution. The grand endeavor to achieve a modernized coexistence between humanity and nature, addressing the pressing issue of desertification faced by mankind, safeguarding the foundation and vitality necessary for sustainable national development. This monumental task bestowed upon our generation by history remains paramount.

Resolutely undertaking the political responsibility of combating desertification, firmly engaging in the new era's "three iconic battles" of the "Three-North" project, and actively implementing the "two safeguards" through practical measures

After a protracted period of relentless efforts, China's endeavors in combating desertification have garnered global attention, exemplified by the promulgation and implementation of the world's inaugural legislation on desertification control. Moreover, China has taken the lead in achieving "zero growth" in land degradation worldwide while successfully transitioning from an era characterized by human exodus due to sand encroachment to one where greenery permeates key sandy regions. However, it is imperative to acknowledge that combating desertification remains an enduring, arduous, recurrent, and unpredictable task as the fundamental challenges posed by vast expanses of sandy land—widespread distribution coupled with deep-rooted management difficulties—have yet to be fundamentally altered.

The "Three-North" areas of China encompass 84% of the country's sandy land, including 8 deserts and 4 sandy lands. Additionally, these regions consist of 7 strong wind erosion areas, and 34 wind and sand ports, and are traversed by three major sand and dust storm paths. Consequently, they represent China's most challenging natural conditions and the most vulnerable ecological region. Moreover, they serve as a battleground for ecological protection and restoration efforts while also being the core area for sand prevention and control measures. Furthermore, these regions hold immense potential for forestry development in China.

The important speech delivered by General Secretary Xi Jinping at the symposium not only provides a scientific breakdown of the overarching blueprint and admirable goals but also presents a clear operation plan and roadmap. It serves as both a mobilizing order and a manifesto. With the commencement of the new era for the "Three-North" project, we must take practical actions to fulfill the "two safeguards" while steadfastly shouldering our political and historical responsibility in combating desertification, thereby leaving behind invaluable green wealth for future generations.

Maintaining the unwavering commitment to combat desertification with distinctive Chinese characteristics is the fundamental assurance for fostering a novel era of China's endeavors in combating desertification. We should adhere to General Secretary Xi's ideology on ecological civilization, particularly his significant speeches, and instructions regarding the combat against desertification and the "Three-North" project as our overarching guidance. Comprehensively enhance the Party's leadership, fully leverage the strengths of the socialist system in mobilizing collective efforts for significant endeavors, innovate mechanisms and systems to combat desertification, and effectively harness the enthusiasm of all stakeholders. This will further refine a pattern of desertification control that is guided by strategic planning, grounded in legal frameworks, centered around engineering solutions, supported by policies, guided by assessments, and driven by societal engagement. Moreover, it will contribute Chinese wisdom and solutions to global ecological governance in arid regions and the advancement of ecological civilization.

Concentrate on the "three iconic battles". This is the main grip to create a new miracle of China's desertification combating in the new era. The decision made by General Secretary Xi regarding the "Three-North" project battle, particularly in combating the Yellow River's meandering battle, addressing the battles against the Horqin and Otindag Sandy Lands, tackling the Hexi Corridor battle at the edge of the Taklamakan Desert, has effectively clarified the primary direction and core objectives of the "Three-North" project in this new era. These three regions serve as the primary battlegrounds for combating desertification and constitute the crucial backbone of the ecological security barrier in northern areas. It is imperative to concentrate on the key focal points, challenges, and bottlenecks specific to each region while comprehensively addressing systemic governance. By leveraging local conditions and implementing targeted preventive measures tailored to respective hazards, policies can be effectively applied with precision across different territories, thereby fortifying all-encompassing security measures. We must unite our efforts wholeheartedly to ensure triumphant victories in these "three iconic battles".

Sustained endeavors to consolidate the outcomes of ecological construction constitute a pivotal cornerstone for fostering a novel era of remarkable achievements in sand prevention and control within China. It is not a trivial task for the "Three-North" region to attain its current level of environmental sustainability, and it is imperative to intensify efforts in safeguarding the achieved progress. This entails the continued implementation of measures aimed at preserving natural forests, managing wind and sand erosion in the Beijing-Tianjin area, protecting and restoring wetlands, conserving deserts, consolidating gains from land reforestation initiatives, strengthening sustainable forest management practices, as well as enhancing ecosystem diversity stability and long-term viability. By leveraging the role of the forest management system, it is imperative to enhance comprehensive protection and restoration measures for forests, grasslands, and wetlands to safeguard the originality and integrity of ecosystems. Strict enforcement of bans on grassland grazing and moratoriums on grazing activities should be implemented alongside a robust grass-animal balance system. Furthermore, efforts must be intensified to address deforestation, land reclamation, excessive grazing practices, and other remediation actions.

Reiterating persistent efforts, dedicating to long-term endeavors, and persisting in constructing the Great Green Wall along China's northern border as well as establishing an ecological security barrier

The request has been made by General Secretary Xi to adhere to the working mechanism of central coordination, provincial responsibility, and implementation by cities and counties. The departments of forestry and grassland should effectively fulfill their responsibilities as competent authorities and efficiently enhance their political stance. Treating the study and implementation of General Secretary Xi's important speech as a crucial political undertaking, while seamlessly integrating it with the educational theme on comprehending and applying Xi Jinping Thought in the context of socialism with Chinese characteristics for a new era. With a profound sense of responsibility and an unwavering urgency, we diligently undertake all practical and intricate tasks. We strive to continuously enhance the ecological environment in the "Three-North" areas, construct the Great Green Wall as well as an ecological security barrier, and make new and substantial contributions towards building a splendid China.

The comprehensive and precise implementation of the new development concept is crucial. In desertification areas, the integrated approach of combating desertification and the "Three-North" project encompasses various aspects such as ecology, production, and livelihoods, exerting a holistic impact. We must integrate the efforts to combat desertification and the "Three-North" project into the broader framework of economic and social development, giving them a prominent position. This requires us to prioritize ecological considerations and embrace green development principles, while also ensuring that ecological protection is closely linked with improvements in people's livelihoods. By fully harnessing the ecological, economic, and social benefits of the "Three-North" project, it has the potential to become a landmark initiative for General Secretary Xi's vision of an ecological civilization. Furthermore, it can serve as a model for integrated protection and systematic management of mountains, water bodies, forests, fields, lakes, grasslands, and deserts—setting a benchmark for global leadership in desert ecosystem management.

Establishing a collaborative work pattern is crucial for achieving remarkable progress in combating desertification in China's new era, by embracing the strategic mindset of a game of chess and fostering the development of a comprehensive framework. Adhering to the working mechanism of central coordination, provincial overall responsibility, and city/county implementation, a coordinated mechanism should be established to enhance comprehensive desertification control efforts and promote the development of key ecological projects such as the "Three-North". This will inject significant momentum into desertification control and the advancement of the "Three-North" initiatives. Strictly enforce the *Law on Desertification Control of the People's Republic of China*, and fully utilize the leading role of the forest chief system and the sand control responsibility mechanism. Provinces (autonomous regions, municipalities directly under the central government) and relevant departments involved in the "Three-North" project should align their policies, strengthen coordination efforts, propose practical solutions that are feasible and effective, improve funding mechanisms as well as policy support systems for desertification control and Three-North projects. This will effectively address issues related to water resources, financial constraints, and land use conflicts during the construction of desertification control measures in key areas.

Make effective use of and implement integrated boxing strategies. Following the spirit requirements outlined in the important speech, it is imperative to maintain a problem-oriented and goal-oriented approach, adhere to systematic thinking, pursue truth and pragmatism, promptly revise the comprehensive plan for the "Three-North" project, develop the sixth phase plan for this project as well as implementation plans for three emblematic campaigns. Additionally, execute wall map operations and package supervision for these major campaigns while ensuring rational allocation of resources and elements essential for successful execution. Actively strive to establish significant scientific and technological projects dedicated to combating desertification by promoting sand control models in Gansu's Minqin, Xinjiang's Kekeya, Ningxia's Baijitan, and Inner

Mongolia's Dengkou regions among others. Furthermore, extensively conduct learning and training programs on desertification-combating techniques within the "Three-North" areas. Successfully organize the Kubuqi International Desert Forum to effectively communicate China's efforts in combating desertification.

Efforts should be made to vigorously promote the ethos of the "Three-North Spirit" and the indomitable spirit exemplified by Saihanba. It is emphasized that to advance the construction of ecological civilization, a comprehensive approach encompassing both material and spiritual aspects must be adopted. Confronted with new challenges and demands posed by sand control initiatives and the implementation of the "Three-North" project, it is imperative to steadfastly uphold our commitment to preserving verdant mountains without any complacency, meticulously charting a blueprint until its fruition, and diligently working step by step. Through concrete actions, we can weave an extraordinary narrative in which barren sands are transformed into flourishing forests and deserts evolve into vibrant oases. Enhance the selection, promotion, and recognition of exemplary and heroic models to foster a robust social atmosphere of attention and support for combating desertification. Additionally, encourage and guide enterprises, collectives, individuals, and social organizations to actively participate in the construction of the "Three-North" project. Strengthen talent team development efforts to cultivate a group of resilient individuals who can endure hardship, emphasize dedication, and achieve new milestones in the construction of the "Three-North" project.

前　言

2023年6月5日至6日，中共中央总书记、国家主席、中央军委主席习近平在内蒙古自治区巴彦淖尔市考察，主持召开加强荒漠化综合防治和推进"三北"等重点生态工程建设座谈会并发表重要讲话。党和国家最高领导人专门开展荒漠化防治座谈会，规格如此之高，彰显了国家对荒漠化防治工作的高度重视。这是总书记对过去四十多年中国治沙成就的一次大检阅，全国林草人、治沙人斗志昂扬、备受鼓舞。

中国荒漠化防治工作取得了举世瞩目的辉煌成就，这离不开党中央和习近平总书记的英明领导，离不开"人努力、天帮忙、政策好"。实践证明，像荒漠化和沙化土地趋势得到根本性遏止这样的伟大成就，像"三北"工程这样重大的生态工程，只有在中国共产党领导下才能干成。实践证明，党中央关于防沙治沙特别是"三北"等工程建设的决策是非常正确、极富远见的。实践证明，我国走出了一条符合自然规律、符合国情地情的中国特色防沙治沙道路。

中国荒漠化防治事业苦尽甘来，是对全体林草行业工作者，特别是支撑"三北"工程、防沙治沙、防治荒漠化等领域的基层工作者的充分认可和肯定。全体林草人组成的"铁军"，包括行业主管领导、科技工作者、一线基层人员，依靠敢打硬仗、能打胜仗的坚实作风，厚积薄发的长竹大树，敢于亮剑的锐意进取，历经一代代林草人的锲而不舍，顺利通过了党中央对45年"三北"工程和巨大成就的检阅，也迎来了新时期、新部署、新三北的"冲锋号"。正是因为有习近平总书记长期的关心、国家的谋篇布局、林业和草原局长期的"抗沙"，全体林草人长期艰苦奋斗奠定的牢固基础，才有了"三大战役"的决战时刻！

当前，荒漠化防治的"中国方案""中国药方"逐渐在全球发挥"大国治沙"影响力。新时期，荒漠化防治工作需要更加讲究科学、精准、能落地、能出海，加强可操作性，未来更好地服务国内、国际治沙"双战场"。目前，荒漠化防治的概念、数据和理念等方面需要统一认识，以便更好地指导基层开展工作，亟待通过编写社会认同、基层认可的读本，实现新时期荒漠化防治工作的"提质增效"，《荒漠化防治看中国》的问世填补了这一空白。国家林业和草原局自1994年以来，先后开展了6次全国荒漠化和沙化普查与监测工作，积累了海量基础数据，基本摸清了"中国沙情"；2010年以来，以中国林业科学研究院荒漠化研究所为代表的专家团队在沙漠、戈壁进行基础调查，在荒漠化防治的原理、技术、战略和政策研究等方面产出了大批成果，借此书"落地开花"。在此，要特别感谢参与本书编撰的全部科研人员。

新时代荒漠化防治工作中，科技要前移，发挥好科技的发动机、加速器、助推剂的作用。全书厘清了荒漠化防治和荒漠保护科技领域的各项概念、数据、理念、技术、模式、相关政策法规和战略规划，介绍了荒漠生态系统演变的自然规律、荒漠生态系统服务，并以典型案例形式介绍了中国荒漠化防治的鲜活成果。

接下总书记发出的三大攻坚战出征令，在6月6日巴彦淖尔座谈会习近平总书记重要讲话满一个月之际，国家林业和草原局组织和编写这部《荒漠化防治看中国》，可谓恰逢其时。该书所展示的成果必将成为未来长时期社会关注的热点、现代林草业的亮点和学界参与的重点，实现行业管理、科学研究与基层工作互相促进、稳步提升的良好局面，为中国生态文明建设、全球人类命运共同体建设提供科技支撑。鉴于编写时间紧张，书稿中存在一些错误和不当之处在所难免，真挚地请读者予以谅解，我们后续将持续修正。

未来中国荒漠化防治的道路仍然需要滚石上山的精神毅力。军号已吹响、即刻就出发！让我们重温习近平总书记掷地有声的谆谆教诲：不负韶华，打好打赢新时期防沙治沙攻坚战，在"三北奇迹"基础上，创造新时代中国防沙治沙"新奇迹"！力争把"三北"工程打造成全球防沙治沙的成功典范，科技治沙的创新高地，为中国式现代化提供三北方案，为人类命运共同体贡献中国智慧！

卢琦　谨识

2023年仲夏于北京

Preface

On June 5–6, 2023, Xi Jinping, General Secretary of the Communist Party of China Central Committee, President of the People's Republic of China, and Chairman of the Central Military Commission, inspected a tour of Bayannur City, Inner Mongolia Autonomous Region, chaired a symposium focused on enhancing the comprehensive combat against desertification and advancing the implementation of key ecological initiatives such as the "Three-North" project and delivered a significant speech. The highest leaders of the Party and the state specially held a symposium on desertification combating, with such high standards, demonstrating the high importance that the country attaches to desertification combating work. This is a grand review of China's combating desertification achievements of the past forty years by the general secretary, so the national forest and grass people and the combating desertification people have high morale and are highly encouraged.

The remarkable achievements in China's desertification combating efforts can be attributed to the astute leadership of the Communist Party of China Central Committee and General Secretary Xi Jinping, as well as the confluence of concerted human endeavors, favorable natural conditions, and effective policies. Empirical evidence has demonstrated that significant accomplishments, such as effectively combating desertification and reversing land degradation trends, along with major ecological initiatives like the "Three-North" project, can only be accomplished under the competent leadership of the Communist Party of China Central Committee. The practical evidence also has demonstrated that the decisions made by the Communist Party of China Central Committee, particularly concerning sand combating projects such as the "Three-North" initiatives, exhibit a high level of accuracy and foresight. This empirical validation further confirms that China has adopted an approach to combat desertification with distinct Chinese characteristics, which aligns harmoniously with natural laws and national circumstances.

The efforts to combat desertification in China have been widely acknowledged and endorsed by all stakeholders in the forestry and grassland industry, particularly grassroots workers who are actively involved in supporting initiatives such as the "Three-North" project, combating desertification, and restoration of degraded lands. The "Iron Army" comprises a diverse group of individuals from the forest and grass sectors, including industry leaders, technology professionals, and frontline grassroots workers. This collective relies on a resolute approach to engage in challenging battles and emerge victorious. Similar to the resilient growth of bamboo trees, they possess the unwavering determination to forge ahead with courage that shines like swords. After generations of dedicated efforts by forest and grassland personnel, the 45-year "Three-North" project has successfully passed the review of the Party Central Committee, showcasing significant achievements. This milestone also marks the dawn of a new era and deployment, symbolizing the commencement of the "New Three-North" initiative. Due to President Xi's persistent concern, the country's strategic planning, the long-standing "anti-sand" campaign by the National Forestry and Grassland Administration, as well as the unwavering efforts of all forestry and grassland personnel over an extended period, we have reached a decisive moment in the "three iconic battles".

Currently, the global influence of "Great Power Combating desertification" is gradually being exerted by the "China Plan" and "Chinese Prescription" for combating desertification. In the new era, efforts to combat desertification need to be more scientifically rigorous, precise, adaptable to different environments (land and sea), enhance operational effectiveness, and better serve both domestic and international battlefields in combating desertification in the future. Currently, there is an imperative to establish a unified comprehension of the concepts, data, and strategies for combating desertification to effectively guide grassroots initiatives. It is crucially urgent to attain "enhanced quality and efficiency" in desertification combat efforts during this new era through the development of textbooks that are acknowledged both socially and at the grassroots level. The publication of *China's Combating Desertification* has effectively addressed this research gap. Since 1994, the National Forestry and Grassland Administration has conducted six comprehensive national surveys and monitoring initiatives on desertification, accumulating an extensive database that provides a fundamental understanding of China's sand situation. Furthermore, since 2010, a team of esteemed experts from the Institute of Desertification Research at the Chinese Academy of Forestry has undertaken thorough investigations in deserts and Gobi regions, yielding significant advancements in principles, technologies, strategies, and policy research related to combating desertification. This book serves as a valuable platform for disseminating these achievements. We express our sincere gratitude to all researchers who contributed to its compilation.

In the new era of combating desertification, technology should advance and assume a pivotal role as the driving force, catalyst, and enhancer of progress. This publication elucidates diverse concepts, data, technologies, models, relevant policies, regulations, and strategic plans in the realm of desertification control and protection. It expounds upon the natural laws governing desert ecosystem evolution and services while showcasing exemplary cases that highlight China's recent achievements in combatting desertification.

Following the issuance of three pivotal directives by President Xi, the National Forestry and Grassland Administration meticulously compiled "*China's Combating Desertification*" during the Bayannur symposium on June 6th, precisely one month after his seminal speech. It can be asserted that this timing was opportune. The achievements presented in this book are expected to generate long-term social attention, serving as a prominent aspect of the modern forestry and grassland industry and attracting academic engagement. This will foster mutual promotion and steady improvement in industry management, scientific research, and grassroots work, thereby providing technological support for China's ecological civilization construction and the establishment of a global community with a shared future for mankind. Due to time constraints during writing, there may inevitably be some errors and inadequacies in the manuscript. We sincerely request readers' understanding while assuring them that we will continue making revisions in the future.

The future trajectory of desertification combat in China necessitates the indomitable spirit and unwavering perseverance akin to rolling stones up a mountain. With the clarion call resounding, let us embark on this mission without delay! Let us never disappoint glorious times, strive to triumph over the battle against desertification in this new era, and forge a novel marvel of China's desertification combat based on the "Three-North Miracle"! Endeavor to transform the "Three-North" project into an exemplary model for global desertification combat, an innovative hub for scientific and technological advancements in combating desertification, provide a comprehensive plan for China's path towards modernization within these "Three-North" areas, and contribute Chinese wisdom towards fostering a harmonious global community.

Respectfully yours,

Lu Qi

Midsummer, 2023 in Beijing

目　录

Contents

Foreword

Preface

Part 1　Understanding and Combating Desertification

代　序

前　言

Part 2 Winning the Battle of Three-North and Creating a New Miracle in Combating Desertification

上篇

滚石上山，
久久为功

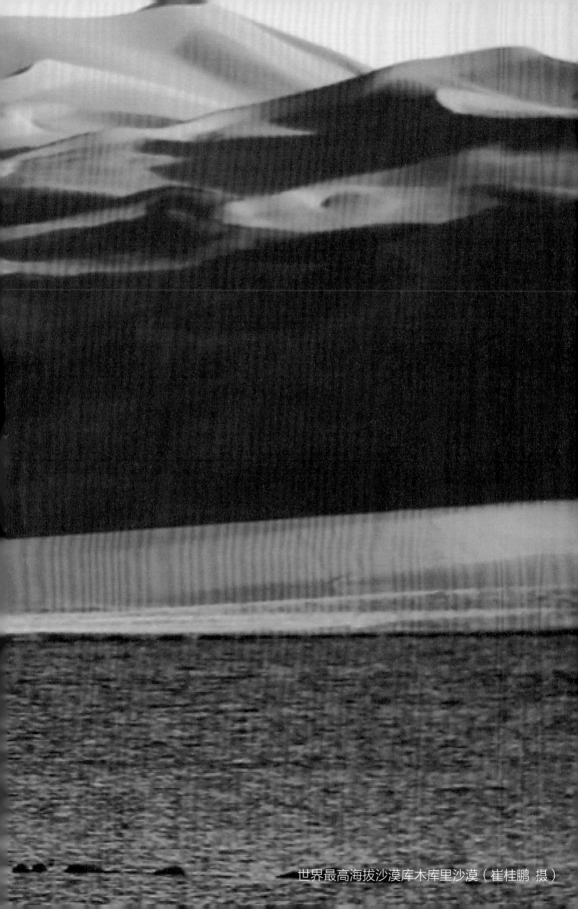

世界最高海拔沙漠库木库里沙漠（崔桂鹏 摄）

第一章
留白一片原生沙海

"仰望夜空，繁星闪烁。地球是全人类赖以生存的唯一家园。我们要像保护自己的眼睛一样保护生态环境，像对待生命一样对待生态环境，同筑生态文明之基，同走绿色发展之路！"

——2019年4月28日，北京，习近平主席在2019年中国北京世界园艺博览会开幕式上的重要讲话

一、天生荒漠要优先保护

荒漠化防治首先要坚持预防为主、保护优先的理念，实行沙化土地分类保护，全面落实各项保护制度，充分发挥生态系统自然修复功能，促进植被休养生息，从源头上有效控制土地沙化。强调对于原生沙漠、戈壁等自然遗迹的保护，坚持宜沙则沙，强化保护措施，力争实现应保尽保（表1.1）。

保护好沙区天然植被是防治荒漠化的第一要务。要坚持保护优先，以自然恢复为主，对大江大河源头、风沙源区、草原退化沙化重点区域实行严格的沙化土地封禁保护措施，逐步把沙区自然生态系统保护起来，促进自然植被休养生息。

表1.1 中国主要沙漠、沙地的分布和面积情况（依据第六次全国荒漠化和沙化监测结果最新数据）

序号	沙漠沙地名称	地理位置	涉及行政区划 省级 简称	省级 数量	县级 数量	沙漠面积（km²） 合计	流动沙丘	其中 半固定沙丘	固定沙丘
1	塔克拉玛干沙漠	N36°15'27"~42°03'16", E76°14'05"~90°04'12"	新	1	32	342744.69	261504.51	55228.35	26011.82
2	库姆塔格沙漠	N39°08'20"~40°40'29", E90°31'26"~94°53'27"	新、甘	2	4	20667.38	20387.11	38.12	242.16
3	鄯善库木塔格沙漠	N42°26'10"~42°52'23", E89°35'02"~90°45'13"	新	1	1	2142.78	1947.07	89.42	106.28
4	柴达木盆地沙漠	N35°50'26"~38°52'33", E90°10'35"~98°34'25"	青、甘、新	3	8	12183.11	6309.87	3701.68	2171.56
5	库木库里盆地沙漠	N36°10'15"~37°26'26", E86°57'02"~92°39'13"	新、甘	2	4	2534.49	1985.36	520.23	28.91
6	古尔班通古特沙漠	N44°08'19"~48°25'16", E82°38'12"~91°44'24"	新	1	23	49677.01	1198.75	10731.87	37746.39
7	巴丹吉林沙漠	N39°20'02"~42°15'09", E99°23'29"~104°27'25"	内蒙古、甘	2	5	50760.02	37220.18	6515.98	7023.86
8	腾格里沙漠	N37°26'14"~40°02'01", E102°25'31"~105°43'02"	内蒙古、甘、宁	3	6	39867.56	27029.48	2824.87	10013.20
9	乌兰布和沙漠	N39°07'08"~40°54'23", E105°33'07"~107°01'24"	内蒙古	1	5	9469.10	4130.69	983.69	4354.72
10	库布齐沙漠	N39°34'22"~40°48'29", E107°03'07"~111°23'06"	内蒙古	1	5	12888.89	4051.89	757.44	8079.56
11	狼山以西的沙漠	N39°41'22"~42°17'14", E104°16'24"~106°59'14"	内蒙古	1	4	7215.33	3227.21	1669.85	2318.28
12	共和盆地沙漠	N35°30'25"~36°26'26", E99°36'12"~101°06'07"	青	1	2	2324.93	1023.99	399.11	901.82
13	毛乌素沙地	N37°25'14"~39°43'11", E107°07'11"~110°35'13"	内蒙古、陕、宁	3	16	36207.03	2501.09	1297.01	32408.93
14	河东沙地	N37°15'55"~39°05'11", E106°14'45"~107°21'46"	宁、内蒙古	2	9	9294.63	325.75	676.48	8292.40
15	浑善达克沙地	N42°52'51"~44°11'01", E111°42'15"~117°46'29"	内蒙古、冀	2	12	34652.72	779.32	1385.80	32487.60
16	乌珠穆沁沙地	N44°15'25"~45°37'05", E116°14'38"~119°13'58"	内蒙古	1	5	2050.50	38.32	43.58	1968.60
17	呼伦贝尔沙地	N47°22'44"~49°34'01", E117°6'55"~120°38'14"	内蒙古	1	7	7913.21	88.97	138.05	7686.20
18	科尔沁沙地	N42°33'15"~45°44'26", E117°48'12"~124°29'01"	内蒙古、吉、辽	3	22	32164.65	1332.09	621.79	30210.77
19	其他零星分布的沙漠沙地					10313.40	3208.75	1545.02	5559.63
	合计					685071.42	378290.39	89168.34	217612.69

◎ 专栏1：沙化土地封禁保护区建设

　　建立沙化土地封禁保护区旨在通过采取严格的封禁保护措施，禁止一切破坏植被的生产和开发建设活动，以遏制人为破坏，促进封禁保护区内植被的自然恢复和地表结皮的形成，最终实现生态保护和民生改善的目的。

　　按照《中华人民共和国防沙治沙法》的要求，加快沙化土地封禁保护区建设，将一些不具备治理条件或者因生态需要确需保护的沙化土地，特别是目前没有工程布局的沙化土地划为沙化土地封禁保护区，对保护区内的沙化土地采取封禁保护措施，有效控制和减少人为活动，以保持沙漠和沙地生态系统的稳定性，利用大自然的自我修复功能，恢复和发展沙区林草植被，遏制沙漠化蔓延的趋势，对于进一步改善区域生态条件、恢复生态平衡、保障生态安全意义重大。

2013年，国家启动实施了沙化土地封禁保护补助试点项目，中央财政当年拨付补助资金3亿元，在内蒙古、陕西、甘肃、青海、宁夏、新疆、西藏等7个省（自治区）的30个县实施试点。2015年，国家林业局印发《国家沙化土地封禁保护区管理办法》，对于不具备治理条件的以及因保护生态的需要不宜开发利用的连片沙化土地，由国家林业局根据全国防沙治沙规划确定的范围，按照生态区位的重要程度、沙化危害状况和国家财力支持情况等分批划定为国家沙化土地封禁保护区。

截至2020年年底，累计安排中央财政资金24.3亿元，在内蒙古、陕西、甘肃、青海、宁夏、新疆、西藏7个省（自治区）建设国家沙化土地封禁保护区113个，封禁保护面积达180.5万hm^2。

二、荒漠的形成和演变

荒漠是干旱气候的产物，早在地质时期就已存在，其形成演化经历了一个漫长的过程。沙漠是荒漠最主要的一种存在形式。荒漠形成演化的研究主要集中在沙漠。

（一）荒漠的形成

我国沙漠的形成最早可以追溯到中生代的白垩纪，从西北的准噶尔盆地到东南的江西一带，形成一条跨越十余省（自治区）的热带—亚热带红色沙漠带。

现代黄色沙漠形成的根本原因是青藏高原的隆起，以及隆起后高

库姆塔格沙漠双峰野骆驼（卢琦 摄）

原的热力效应对中亚乃至全球水热环境的影响。我国西北地区深居欧亚大陆腹地、远离海洋，高原隆起不仅阻挡了西南季风挟带的印度洋水汽输送，也迫使西风带发生分支绕流，削弱的西风带和天山山脉的阻挡使得来自大西洋和北冰洋的微弱水汽难以到达南疆盆地。加上越过高原面的气流在高原北缘下沉时形成的"焚风"效应，致使塔里木盆地东部至河西走廊西部及柴达木盆地西北部一带成为西北内陆最为干旱的区域。此外，高原隆起强化了蒙古—西伯利亚高压，干燥强劲的西北风成为我国大陆冬半年的控制风系，而东南夏季风减弱退缩，导致西北内陆干旱加剧。除了干旱气候环境，长期的构造运动产生了大量风化剥蚀物，为沙漠的形成提供了丰富的物源。

库姆塔格沙漠中的沙砾碛（卢琦 摄）

（二）荒漠的演变

　　时间上，我国沙漠经历了白垩纪、第三纪和第四纪三大演化阶段。空间上，白垩纪—第三纪的红色沙漠自西北往东南横贯我国中部，属热带亚热带沙漠；第四纪的黄色沙漠集中于我国西北部地区。在第四纪冰期—间冰期更替的气候波动变化背景下，气候干冷期沙漠扩张、沙丘活化，暖湿期沙漠收缩、沙丘固定。不同地区的沙漠演变模式有差异。其中，东部和北部地区的沙漠属"草原型"；西部的沙漠属"荒漠型"；中部沙漠的性质和模式介于二者之间。

（三）有人类文明以来的荒漠变化

历史时期沙漠的变化根据所处区域气候自然地带的差异，主要分为两种类型。一种是在原来不是沙漠的地方出现了类似沙漠的景观，主要分布于我国东部草原及荒漠草原地带，如毛乌素沙地南部、乌兰布和沙漠北部和科尔沁沙地中的沙化土地。这种类型主要是由于人类不合理的开发利用活动（如过度垦荒、过度放牧、滥伐森林、水资源利用不当、战争等）导致干旱、半干旱地区脆弱的生态环境受到破坏后而形成发展的。另一种是地质时期就已经存在的沙漠，由于人类活动的影响，沙漠范围进一步扩展，主要分布于我国西部荒漠地带，如塔克拉玛干沙漠、巴丹吉林沙漠、腾格里沙漠等边缘地带。

第二章
荒漠生态系统服务

"绿水青山就是金山银山。"

——2005年8月15日，浙江湖州安吉，时任
浙江省委书记习近平同志在浙江湖州安吉考察时
的重要讲话

世界最高海拔沙漠库木库里沙漠（崔桂鹏 摄）

一、荒漠的生态功能

生态系统服务概念于20世纪80年代正式提出。"联合国千年生态评估系统"把生态系统服务界定为"人们从生态系统获取的惠益",并且把生态系统服务划分为供给、调节、文化和支持服务四大类（图2.1）。中国科学家把荒漠生态系统服务定义为"人们从荒漠生态系统获取的惠益"。

供给服务 从生态系统获得的各种产品	调节服务 从生态系统过程调节中获得的各种收益	文化服务 从生态系统获得的各种非物质收益
■ 食物 ■ 纤维 ■ 淡水 ■ 薪材 ■ 生化药剂 ■ 遗传资源	■ 气候调节 ■ 水资源调节 ■ 净化水质 ■ 侵蚀控制 ■ 疾病调控 ■ 授粉	■ 精神与宗教 ■ 消遣与生态旅游 ■ 美学 ■ 灵感 ■ 教育 ■ 地方感 ■ 文化遗产

支持服务
对于所有其他生态服务的生产必不可少的服务
■ 土壤形成　　■ 养分循环　　■ 初级生产

图2.1　生态系统服务分类

基于我国的实际情况，把荒漠生态系统服务划分为防风固沙、土壤保育、水资源调节、固碳、生物多样性保育、景观游憩等六大类。按照"联合国千年生态评估系统"对生态系统服务类型的划分，防风固沙、土壤保育、水资源调节、固碳、生物多样性保育属于调节服务，景观游憩属于文化服务。

防风固沙是荒漠生态系统提供的最为重要的服务。固沙服务主要表现在荒漠植被与土壤结皮等降低风沙流动，从而减少生产与生活方面的风沙损害。防风服务主要表现在荒漠地区的农田防护林能够增加防护范围内农作物的产量，牧场防护林能够促进牧草生长、庇护牲畜、提高畜牧业生产力，具有增加种植业与畜牧业生产力的效益。较其他生态系统而言，防风固沙是最具有荒漠生态系统特点的生态服务。

土壤保育是陆地生态系统提供的一项基本生态服务。荒漠生态系统的土壤保育服务主要体现在两大方面：一是沙尘搬运后形成有利于生物生存和发展的土壤，即新土壤形成；二是荒漠植被和土壤结皮在固定土壤的同时，也保留了土壤中氮、磷、钾和有机质等营养物质，减少土壤养分流失。

世界最高海拔沙漠库木库里沙漠（崔桂鹏 摄）

　　水资源是荒漠生态系统正常运转、保持生态平衡的限制性因素，也是荒漠生态系统中能量流动、物质循环的重要载体。水资源调控是荒漠生态系统提供的重要服务之一，主要通过荒漠植被和土壤等影响水分分配、消耗和水平衡等水文过程，体现在淡水提供、水源涵养和气候调节三个方面。水汽在荒漠生态系统的地表、土壤空隙、植物枝叶和动物体表上遇冷凝结成水，是荒漠地区浅层淡水的主要来源；荒漠生态系统面积大，土壤渗透性好，能把大气降水和地表径流加工成洁净的水源，汇聚成储量丰富的地下水库。

　　固碳是荒漠生态系统提供的一种重要的气体调节服务，在维持大气中CO_2的动态平衡、减缓温室效应以及为人类生存提供最基本条件方面具有不可替代的作用。固碳既包括植被固碳，还包括土壤固碳。广袤荒漠上的植物通过光合作用固碳，并再分配形成总量可观的植被碳库和土壤碳库。

　　生物多样性保育是荒漠生态系统的核心服务之一。我国荒漠生态系统地域宽广，拥有独特且多样的物种和基因资源，为许多珍稀物种提供生存与繁衍的场所。

　　荒漠生态系统既拥有胡杨林、鸣沙山、月亮湖、魔鬼城、海市蜃楼等独特的自然景观，还存留了敦煌莫高窟、楼兰遗址、高昌古城等人文历史景观，吸引人们观光旅游、休闲度假、科学考察、探险等。

　　此外，沙尘生物地球化学循环是荒漠生态系统提供的最为独特的服务。从全球尺度上看，沙尘的生物地球化学循环具有"阳伞效应""冰核效应"和"铁肥料效应"等多重效应。我国是亚洲沙尘的重要源区之一，大量的沙尘在北太平洋、中国近海等海洋区域沉降，在减缓气候变暖、中和酸雨以及为海洋浮游生物提供铁元素等方面发挥着重要功能。

二、荒漠的生态价值

根据相关研究核算，2019年，全国荒漠生态系统产生的生态服务总价值为5.79万亿元，相当于当年全国GDP（98.65万亿元）的5.87%。从生态服务类型来看，防风固沙是荒漠生态系统提供的最为重要的生态服务，全年固沙量达到412.41亿t，防风固沙价值为2.33万亿元，占到总价值的40.23%；其次是水资源调控，占到总价值的26.65%，在荒漠储水、净化水质和凝结水方面的价值共为1.54万亿元；固碳价值为1.00万亿元，占到总价值的17.23%，全年植被固碳11.26亿t、土壤固碳0.43亿t、沙尘入海固碳34.95亿t；土壤保育价值为0.86万亿元，占到总价值的14.92%，全年约形成新土90.54亿t，保育1.84亿t土壤有机质、0.37亿t土壤氮和0.13亿t土壤磷；生物多样性和景观游憩价值相对很低，两者之和接近总价值的1%（表2.1，图2.2）。

表2.1 2019年中国荒漠生态系统服务价值（单位：亿元）

省 （自治区）	防风固沙	土壤保育	水资源调控	固碳	沙尘入海固碳	生物多样性保育	景观游憩	合计
新疆	8104.72	3542.57	6358.49	413.25		198.78	59.09	18676.90
内蒙古	6085.93	2161.24	1536.90	986.89		46.87	7.44	10825.28
西藏	3931.19	1221.31	2268.14	188.55		53.68	0.48	7663.35
青海	2052.92	679.43	2193.10	220.06		58.40	1.06	5204.98
甘肃	1797.57	628.41	1875.33	201.09		39.83	14.53	4556.76
河北	398.28	121.50	165.63	51.77		3.27	6.88	747.33
吉林	132.57	40.48	386.07	98.79		4.66	1.51	664.07
黑龙江	92.85	28.14	288.29	122.63		8.60	0.61	541.12
陕西	263.48	80.45	60.90	78.66		7.51	6.05	497.05
宁夏	203.43	64.43	48.75	65.63		17.27	1.26	400.77
辽宁	102.77	31.24	165.68	13.53		2.55	1.36	317.14
山西	115.04	35.21	76.62	73.52		12.61	4.00	317.00
合计	23280.75	8634.40	15423.90	2514.39	7460.00	454.03	104.28	57871.75

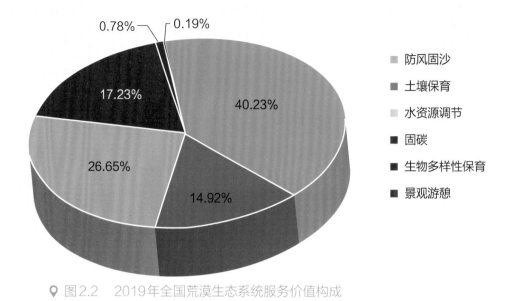

0.78% 0.19%

17.23%

40.23%

26.65%

14.92%

- 防风固沙
- 土壤保育
- 水资源调节
- 固碳
- 生物多样性保育
- 景观游憩

♀ 图2.2　2019年全国荒漠生态系统服务价值构成

　　从地区来看，我国荒漠生态系统大部分位于新疆和内蒙古境内，这两个省份提供了大部分的荒漠生态系统生态服务，2019年这两个省份分别提供了1.868万亿元和1.083万亿元的荒漠生态系统服务价值，占荒漠生态系统服务总价值的32.27%和18.71%；其次是西藏、青海和甘肃，提供的生态服务价值分别为0.766万亿元、0.520万亿元和0.456万亿元，占总价值的13.24%、8.99%和7.87%；其余7个省份提供的生态服务价值约占总价值的6%。

三、荒漠的生态产品价值实现

习近平总书记指出："要积极探索推广绿水青山转化为金山银山的路径，选择具备条件的地区开展生态产品价值实现机制试点，探索政府主导、企业和社会各界参与、市场化运作、可持续的生态产品价值实现路径。"中共中央办公厅、国务院办公厅印发《关于建立健全生态产品价值实现机制的意见》，生态产品价值实现已经由地方试点、流域区域探索上升为国家层面的重要任务。目前，我国荒漠生态产品价值实现路径处于探索阶段，主要路径包括发展荒漠生态产业、实施荒漠生态补偿等。

（一）发展荒漠生态产业

生态产业开发是在保护前提下通过产业开发实现生态产品价值和增值。从当地实际出发，立足荒漠生态资源优势，大力发展荒漠生态产业，充分发挥经济、社会、生态综合效益，努力实现

冬日冰雪覆盖之下的敦煌鸣沙山（崔桂鹏 摄）

生态保护与生态价值实现的良性循环。在不超出荒漠生态系统承载力的前提下，把荒漠生态当资源，把资源变资产，把生态优势变成经济优势，实现良好的经济效益，助推脱贫攻坚和百姓增收致富；通过统筹规划、综合治理、分类施策等举措，将从荒漠生态产业发展中获取的更多资金和更强综合实力，反哺生态系统的保护，以不断提升生态系统的质量和稳定性。目前，我国林草沙产业企业已经超过1.55万家，沙产业年产值约5000亿元；建成沙区特色树种国家重点林木良种基地121个、国家林木种质资源库39个。

（二）实施荒漠生态保护补偿

生态保护补偿是公共性生态产品最基础的价值实现手段。在我国现有的林业补贴政策、草原生态保护补助奖励政策、沙化土地封禁保护补助政策、沙区税收优惠政策的基础上，建立荒漠生态系统的生态补偿机制。探索多元化生态补偿方式，引导和鼓励荒漠化地区采取资金补助、产业转移、共建园区等方式实施横向生态补偿；鼓励社会资本参与生态修复；积极运用碳汇交易、生态产品服务标志等补偿方式，探索市场化补偿模式。进一步加强在西北地区开展沙化土地封禁保护补助和荒漠生态补偿试点。加快完善荒漠生态补偿的配套性制度，明确界定荒漠化地区林权、草原承包经营权、水权，完善产权登记制度；加快建立生态补偿标准体系，根据不同类型地区的特点，完善测算方法，制定生态补偿标准；加强监测能力建设，制定和完善荒漠生态系统监测评估指标体系，及时提供动态监测评估信息，逐步建立生态补偿统计信息发布制度，建立生态补偿效益评估机制。

当前，我国荒漠生态产品价值实现实践探索面临着一些困难和问题，主要表现为优质荒漠生态产品供给能力仍相对不足，荒漠生态产品价值实现的机制体制创新亟待加强，支撑荒漠生态产品价值实现的理论研究仍存在较大技术难题，生态产品价值实现实践创新需要顶层设计，逐步破解以上约束和难题。

第三章
从"沙进人退"到"绿进沙退"

"人类要更好地生存和发展，就一定要防沙治沙。这是一个滚石上山的过程，稍有放松就会出现反复。"

"这两年，受气候变化异常影响，我国北方沙尘天气次数有所增加。现实表明，我国荒漠化防治和防沙治沙工作形势依然严峻。我们要充分认识防沙治沙工作的长期性、艰巨性、反复性和不确定性，进一步提高站位，增强使命感和紧迫感。"

——2023年6月6日，内蒙古自治区巴彦淖尔市，中共中央总书记、国家主席、中央军委主席习近平在加强荒漠化综合防治和推进"三北"等重点生态工程建设座谈会上的重要讲话

腾格里沙漠边缘的沙障（崔桂鹏 摄）

中国是世界上荒漠化和沙化面积大、分布广、危害重的国家之一，严重的土地荒漠化、沙化威胁着我国生态安全和经济社会的可持续发展，威胁着中华民族的生存和发展。为了保护人民的绿色家园，新中国成立以来，我国一直致力于防沙治沙工作，防沙治沙技术、模式和工程层出不穷，并取得了举世瞩目的成就。早在1978年，我国开始建设大型人工林业生态工程——"三北"防护林体系建设工程（以下简称"三北"工程），工程规划73年，分8期进行，现已启动第六期工程建设。"三北"工程的建设是我国防沙治沙历程中不可磨灭的成就。此外，我国还陆续推进了退耕还林还草、京津风沙源治理等工程，并充分调动各级政府的积极性，开展了自上而下、全民参与的防沙治沙工作。

一、中国荒漠化和沙化动态

为了掌握全国荒漠化和沙化土地的现状及动态变化趋势，为国家制定防治荒漠化和防沙治沙宏观决策提供科学依据和基础数据，履行《联合国防治荒漠化公约》，国家林业和草原主管部门分别于1994年和1999年组织完成了第一次和第二次的全国荒漠化和沙化监测工作，此后制定了《全国荒漠化和沙化监测技术规定》《全国荒漠化和沙化监测管理办法》等技术规程，初步建立了全国荒漠化和沙化监测体系，其成果为全国生态建设和防沙治沙工作提供了决策依据。

进入21世纪，我国荒漠化和沙化监测工作步入了科学化、规范化和制度化的轨道。为贯彻《中华人民共和国防沙治沙法》，履行《联合国防治荒漠化公约》，2004年，由国家林业局组织，农业、水利、气象和中国科学院等部门的有关单位和专家参与，共同完成了第三次全国荒漠化和沙化监测工作。本次监测采用地面调查与遥感数据判读相结合、以地面调查为主的技术路线，全面应用了"3S"（遥感RS，地理信息系统GIS，全球定位系统GPS）技术，建立了"全国荒漠和沙化地理信息管理系统"。监测结果表明：通过实施以生态建设为主的林业发展战略，我国荒漠化和沙化整体扩展趋势得到初步遏制，实现了"治理与破坏相持"。新时期，荒漠化和沙化监测的技术日益更新，无人机等技术手段的应用使得我国荒漠化和沙化监测工作更加得心应手。

自1994年开始，我国陆续开展了6次荒漠化与沙化监测工作。荒漠化和沙化面积经历了自1999年的"局部好转，整体恶化"到2019年的"整体好转、改善加速"，真正实现了由"沙进人退"到"绿进沙退"的历史性转变。我国防沙治沙工作呈现整体遏制、持续缩减、功能增强、成效明显的良好态势，但防治形势依然严峻。

（一）荒漠化和沙化面积"双缩减"

1999年，我国开展第二次全国荒漠化、沙化土地监测，结果显示，我国荒漠化、沙化仍呈现扩展趋势，1995—1999年，净增荒漠化土地5.2万km²，年均增加1.045万km²。沙化土地净增1.7万km²，年均增加3436km²。对比监测结果分析，排除气候因素的作用，我国土地荒漠化、沙化加速扩张的主要原因是不合理的人为活动，主要表现在四个方面：过牧，是草地沙化、退化的主要原因；滥樵、滥挖、滥采，是局部地区土地荒漠化、沙化扩展的主要成因；滥垦，是耕地沙化的主要原因；滥用水资源，导致地下水位急剧下降，大片沙生植被干枯死亡、沙丘活化。针对这些问题，国家林业局深入研究相关对策和措施防治土地荒漠化和沙化，包括制定相关政策法规、抓好防沙治沙工程建设、切实落实"三北"工程四期的目标实现、强化监测、调动各界防沙治沙积极性以及做好防沙治沙的科技支撑等。

在党中央的正确领导下，终于在第三次荒漠化和沙化监测迎来了"荒漠化、沙化双缩减"的振奋消息。与1999年相比，截至2004年年底，全国荒漠化土地面积减少3.79万km²，年均减少7585km²；沙化土地面积净减少6416km²，年均减少1283km²。监测结果表明：我国荒漠化和沙化状况总体上有了明显改善，已从20世纪90年代末的"破坏大于治理"转变到"治理与破坏相持"，荒漠化和沙化整体扩展的趋势得到初步遏制，但局部地区仍在扩展，我国土地荒漠化和沙化的总体形势仍然严峻，主要体现在：治理形成的植被刚进入恢复阶段，植物群落的稳定性还比较差，生态状况还很脆弱，植物群落恢复到稳定状态还需要较长的时间；防沙治沙任务艰巨，具有明显沙化趋势的土地面积较大，如果保护利用不好，极易变成新的沙化土地；沙化土地治理难度越来越大，单位面积所需投资越来越高；导致沙化扩展的各种人为因素仍然存在。

从第四次荒漠化和沙化监测工作开始，我国继续加强防沙治沙工作，因地制宜，调动各方积极性科学治沙。荒漠化、沙化土地面积持续缩减，防沙治沙工作成效继续得到巩固。与2009年相比，截至2014年年底，全国荒漠化土地面积净减少1.212万km^2，年均减少2424km^2。全国沙化土地面积净减少9902km^2，年均减少1980km^2。与2014年相比，截至2019年年底，全国荒漠化土地面积净减少37880km^2，年均减少7576km^2；全国沙化土地面积净减少33352km^2，年均减少6670km^2。总体来看，我国第五次、第六次荒漠化和沙化监测结果显示，我国荒漠化、沙化土地面积持续减少，且缩减幅度有所增加（图3.1，图3.2）。

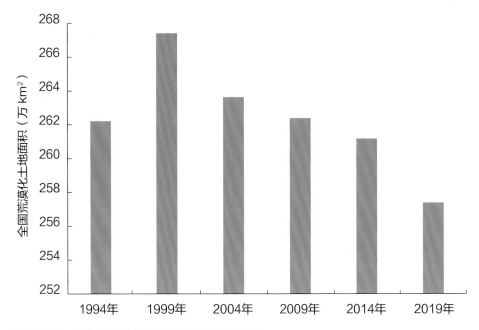

● 图3.1 六次监测全国荒漠化土地面积变化

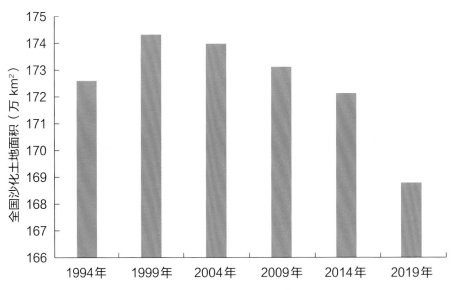

● 图3.2 六次监测全国沙化土地面积变化

（二）荒漠化和沙化程度"双减轻"

从六次荒漠化、沙化监测结果来看，我国荒漠化、沙化程度总体呈现减轻趋势，荒漠化、沙化类型土地的结构有所变化，总体表现为，极重度、重度、中度荒漠化向轻度荒漠化土地转变，极重度沙化土地向重度、中度、轻度沙化土地转化。自第三次监测开始，轻度荒漠化土地面积累计增加12.75万km²，中度荒漠化土地面积累计减少5.5万km²，重度荒漠化土地面积累计减少5.05万km²，极重度荒漠化土地面积累计减少5.05万km²（图3.3）。轻度沙化土地面积累计增加11.66万km²，中度沙化土地面积累计增加8.81万km²，重度沙化土地面积累计增加3.73万km²，极重度沙化土地面积累计减少27.41万km²（图3.4）。

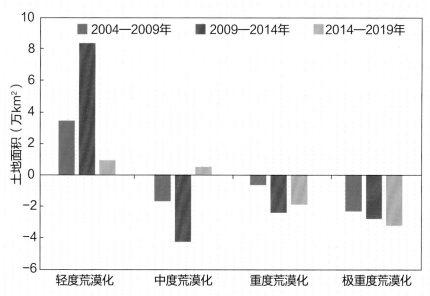

图3.3　几次监测不同程度荒漠化土地面积变化情况

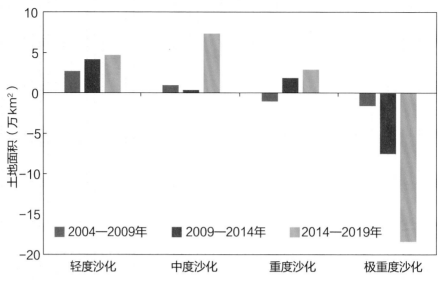

图3.4　几次监测不同程度沙化土地面积变化情况

（三）沙区植被状况进一步改善

自监测以来，沙区植被状况持续改善。第三次监测显示，沙化土地植被平均盖度由2004年的17.03%提高到2009年的17.63%，5年间提高0.6个百分点。与2004年相比，截至2019年年底，流动沙丘面积减少1.93万km²，半固定沙丘面积减少3.19万km²，固定沙地面积增加12.14万km²。各荒漠化类型面积变化也有所差异，其中，风蚀荒漠化面积减少3.2万km²，水蚀荒漠化面积减少1.38万km²，盐渍化土地面积减少1.34万km²，冻融荒漠化土地减少0.33万km²。

综上，2000年以来，特别是党的十八大以来，我国的防沙治沙工作取得了巨大的成就，我国荒漠化和沙化状况持续好转，沙区生态状况呈现"整体好转，改善加速"，荒漠生态系统呈现"功能增强，稳中向好"的态势。但当前荒漠化防治和沙化治理取得的成绩依然是初步的、阶段性的，沙区自然环境恶劣、生态系统脆弱，加之不合理的人为活动时有发生，新阶段防沙治沙仍面临着艰巨的挑战。我们要持续深入贯彻落实习近平生态文明思想，按照全面保护、重点修复、适度利用的总体方略，统筹推进山水林田湖草沙一体化保护和系统治理；要坚持严格落实林长制和防沙治沙目标责任制考核制度，压实地方各级党委和政府防沙治沙责任，推进防沙治沙工作；要坚持依法治沙，加大执法力度，严厉打击破坏沙区林草植被和生态状况的违法行为；要推进荒漠生态保护补偿机制建立，调动社会治沙积极性，充分发挥沙区优势，适度发展绿色生态沙产业。

二、中国荒漠化防治未来的艰巨形势

    2023年6月6日习近平总书记在内蒙古自治区巴彦淖尔市考察并主持召开加强荒漠化综合防治和推进"三北"等重点生态工程建设座谈会。习近平总书记强调，人类要更好地生存和发展，就一定要防沙治沙。这是一个滚石上山的过程，稍有放松就会出现反复。三北地区生态非常脆弱，防沙治沙是一个长期的历史任务。习近平总书记指出，荒漠化是影响人类生存和发展的全球性重大生态问题。我国是世界上荒漠化最严重的国家之一，荒漠化土地主要分布在三北地区，而且荒漠化地区与经济欠发达区、少数民族聚居区等高度耦合。荒漠化、风沙危害和水土流失导致的生态灾害，制约着三北地区经济社会发展，对中华民族的生存、发展构成挑战。当前，我国荒漠化、沙化土地治理呈现出"整体好转、改善加速"的良好态势，但沙化土地面积大、分布广、程度重、治理难的基本局面尚未根本改变。这两年，受气候变化异常影响，我国北方沙尘天气次数有所增加。现实表明，我国荒漠化防治和防沙治沙工作形势依然严峻。我们要充分认识防沙治沙工作的长期性、艰巨性、反复性和不确定性，进一步提高站位，增强使命感和紧迫感。

当前我国的荒漠化总体趋势有所遏制，但荒漠化治理依然任重道远。我国荒漠化面积仍占国土面积的四分之一，依然是突出的生态环境问题之一。并且越到治理后期，面临的困难越大，突破的难度越高。治理的难点包括：

一是长期性。中国沙化土地面积大、分布广，防沙治沙需要久久为功。荒漠化防治工作长期依赖财政投入，缺乏持续造血功能。转变发展思路是难题。荒漠化区域通常位于西部地区，经济发展相对落后、贫困人口众多、地方自我筹资能力弱。生态治理内生造

巴丹吉林沙漠自然景观（崔桂鹏 摄）

血机制弱，成果难以巩固，规模难以扩大。

二是艰巨性。"保量、提质"需加强。过去按照"先易后难、先急后缓"的原则，一些条件较好、治理容易的沙化土地业已得到初步遏制；未来需要治理的荒漠化土地，其立地条件更差，难度更大，单位面积所需投资更高。荒漠化防治还未触及难啃的硬骨头，保增长越来越难。

三是反复性。北方干旱半干旱地区的生态环境总体仍然敏感脆弱，已经治理成功的荒漠化和沙化土地，如果不加强预防和过度开发，很容易造成二次荒漠化和沙化。例如，东部地区科尔沁沙地—浑善达克沙地仍然是重要的风沙源，耕地和草原容易发生荒漠化。中部

地区黄河"几字弯"水患、沙患、盐患"三害"叠加，仅仅单一治理其中的一个要素，容易造成其他要素的危害。西部地区河西走廊—塔克拉玛干沙漠边缘风沙口治理、遗产地保护仍然不完备。此外，一些科技短板、资金缺口和机制缺项仍然存在，科技的支撑作用尚未得到充分发挥，造成治沙反复性的问题难以根除。因此，防沙治沙要有"滚石上山"的毅力。

四是不确定性。在当前全球气候变化和极端天气频发背景下，荒漠地区和荒漠化地区的生态建设具有极大的不确定性。极端干旱、极端高温、洪水、沙尘暴等灾害难以受"人力"完全控制，对中国荒漠化防治工作造成极大的挑战。

三、荒漠化防治的科学理念

（一）系统治理理念

习近平总书记指出："要统筹山水林田湖草沙系统治理，实施好生态保护修复工程，加大生态系统保护力度，提升生态系统稳定性和可持续性。"山水林田湖草沙是相互依存、紧密联系的生命共同体。山水林田湖草沙系统治理，必须统筹兼顾、整体施策、多措并举，充分考虑人类实践活动对整个自然系统及其子系统可能造成的影响。要加强整体保护，统筹考虑自然生态各要素、山上山下、地上地下、陆地海洋以及流域上下游和左右岸，进行整体保护、系统修复、综合治理。要加强开发、利用与保护、修复之间的协同，不同要素、区域、系统之间的协同，以及相关部门、主体之间的协同，构建全方位、全地域、全过程的协调机制。

做好山水林田湖草沙一体化保护和系统治理工作，必须从更好地保护生态系统完整性出发，立足各生态系统自身条件，遵循"宜耕则耕、宜林则林、宜草则草、宜湿则湿、宜荒则荒、宜沙则沙"的原则，既不能一味放任、屈从生态系统的变化，也不能仅仅按照主观意志对生态系统进行人为干预；坚持自然恢复为主、人工修复为辅，综合考虑自然生态系统的系统性、完整性，以江河湖流域、山体山脉等相对完整的自然地理单元为基础，结合行政区域划分，科学开展生态保护修复。要遵循客观规律，坚持系统观念，增强各项举措的关联性和耦合性，更好统筹山水林田湖草沙系统治理。

专栏2：山水林田湖草沙一体化保护和修复工程

　　2016年以来，财政部、自然资源部、生态环境部在青藏高原、黄河流域、长江流域等事关国家生态安全的重点地区支持了5批44个山水林田湖草沙一体化保护和修复工程（"山水工程"），涉及27个省份。截至2022年年底，中央财政已累计投入奖补资金近800亿元，并有效带动了地方财政和社会资本投入，完成生态保护修复面积超过500万hm^2，为提升实施区域生态系统质量和稳定性发挥了重要作用。

　　44个"山水工程"的实施，发挥了明显的示范效应，并探索出了不少一体化保护和修复的经验，构建了跨部门、多主体、多学科的协同机制。各地在推动"山水工程"实施中，逐级成立了由所在省、市、县政府及自然资源、财政、生态环境等相关部门共同组成的领导机构，形成了跨部门的工作机制，协同推进工作。2022年，中国"山水工程"被联合国评为首批"世界十大生态恢复旗舰项目"，向世界展示了中国生态文明建设新形象，贡献了人与自然和谐共生的中国智慧、中国方案。

"山水工程"有力推动了荒漠化土地治理。例如，河北京津冀水源涵养区、甘肃祁连山、内蒙古乌梁素海流域、新疆阿克苏河流域等"山水工程"涉及中国沙化土地防治的重点区域；贵州乌蒙山区、贵州武陵山区、云南抚仙湖流域、重庆长江上游生态屏障、湖南湘江流域和洞庭湖区、江西赣州南方丘陵山区、广西左右江流域、广东粤北南岭山区等8个"山水工程"涉及中国石漠化防治的重点区域；内蒙古科尔沁草原、新疆额尔齐斯河流域、新疆塔里木河重要源流区（阿克苏河流域）、陕西黄土高原、黑龙江小兴安岭—三江平原、吉林长白山、宁夏贺兰山东麓、青海祁连山、甘肃甘南黄河中上游水源涵养区等25个"山水工程"涉及中国土壤侵蚀和水土流失防治的重点区域。

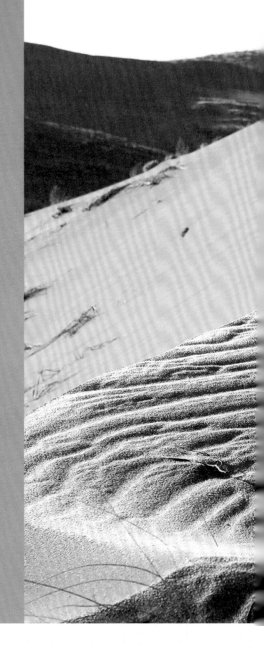

（二）可持续发展理念

可持续发展是指既满足当代人的需要，又不对后代人满足其需要的能力构成危害的发展，以公平性、持续性、共同性为三大基本原则。持续性是指生态系统受到某种干扰时能保持其生产力的能力。

习近平总书记"绿水青山就是金山银山"的重要论断，也体现着可持续发展的理念。它强调了保护环境和发展经济直接的相互依存关系，只有环境保护得好，才能有可持续的经济和社会发展；提倡在经济发展中充分考虑生态保护，推动可持续发展，实现经济发展、社会进步和生态保护的良性循环。

♀ 专栏3："三北"工程

"三北"工程是我国启动时间最早、建设规模最大、建设历程最长的重大生态工程。工程规划从1978年开始到2050年结束，历时73年，分3个阶段8期工程进行建设。目前，"三北"工程已完成五期工程建设。五期工程建设实现数量和质量并重、重点突出和规模推进并举、造林和经营并重、人工措施和自然修复相结合、山上治本和身边增绿并重，取得了巨大的生态、经济和社会效益。

生态效益——截至2020年年底，五期工程累计完成营造林保存面积527.12万hm^2。工程区森林覆盖率由四期末的12.40%增至五期末的13.84%，工程区45%以上可治理沙化土地面积得到初步治理，45.59%以上的农田实现林网化，61%以上水土流失面积得到有效控制。

经济效益——五期工程营造的经济林保存面积约26万hm^2，年产干鲜果品约340万t，年总产值达40.8亿元。经测算，五期工程完成的营造林每年产生的生态效益总值达964.55亿元。截至五期工程末，帮助1500万农民脱贫，脱贫贡献率达27%，三北地区森林旅游年接待游客3.85亿人次，旅游直接收入达480亿元。

社会效益——在工程建设中，涌现出一大批英模人物和绿色发展典型，铸就了以"艰苦奋斗、无私奉献，锲而不舍、久久为功"为核心的"三北精神"。2018年，"三北"工程获"联合国森林战略规划优秀实践奖"。

2021—2030年是"三北"工程六期工程建设期。六期工程将以巩固和发展祖国北疆绿色生态屏障为目标，以提升林草资源总量和质量为主攻方向，以服务国家重大战略为要务，集中建设一批有特色、上规模、高质量的示范项目，形成林草区域性系统治理、规模化治理、科学绿化、质量精准提升的"三北"工程高质量发展样板。

2023年6月5日至6日，习近平总书记在内蒙古自治区巴彦淖尔市考察，主持召开加强荒漠化综合防治和推进"三北"等重点生态工程建设座谈会并发表重要讲话。他强调，加强荒漠化综合防治，深入推进"三北"等重点生态工程建设，事关我国生态安全、事关强国建设、事关中华民族永续发展，是一项功在当代、利在千秋的崇高事业。

◉ 专栏4：京津风沙源治理工程

为了改善京津地区的大气质量，遏制沙尘危害，2000年国家紧急启动京津风沙源治理工程。目前，已基本完成二期工程实施。二期工程规划总投资877.92亿元（实际2013—2021年，中央预算内投资176.18亿元）。工程区范围由一期的5个省（自治区、直辖市）的75个县（旗、市、区）扩大至包括陕西在内6个省（自治区、直辖市）的138个县（旗、市、区）。

工程实施以来，工程区生态状况整体好转，呈现林草植被增长、农民收入增加、社会可持续发展能力增强以及沙化土地和沙尘天气减少的良好局面，取得了显著的生态、经济和社会效益，对保护和改善京津地区的生态环境发挥了巨大作用。

（三）"近自然恢复"理念

"近自然恢复"最早可以追溯到19世纪德国的"近自然林业"，强调的是森林管理应该回归自然。这一理念于20世纪中后期在一些发达国家和地区得到广泛应用，能更好地维持生物多样性，对环境变化的抵抗力和恢复力也更好，体现出人与自然和谐共生的价值理念。

党的二十大报告指出"推动绿色发展，促进人与自然和谐共生"，这一重要论断完全契合"近自然恢复"的理念。尊重自然、顺应自然、保护自然，也是全面建设社会主义现代化国家的内在要求。"近自然恢复"的核心理念在于利用本地乡土物种，把退化生态系统恢复到物种组成、多样性和群落结构与地带性植被接近的生态系统。

荒漠化防治中的"近自然恢复"，主要是基于生态学理论，采用以自然恢复为主、人工措施为辅的方式，结合先进的科学技术、经营模式等辅助手段，将退化生态系统恢复到受人为干扰前的状态，从而实现恢复后生态系统的生物多样性以及结构和功能的完整性、稳定性和可持续性。

空中俯瞰腾格里沙漠（崔向慧 摄）

专栏5：国家公园体系建设

构建以国家公园为主体的自然保护地体系，是以习近平同志为核心的党中央站在实现中华民族永续发展的战略高度作出的重大决策，也是我国推进自然生态保护、建设美丽中国、促进人与自然和谐共生的一项重要举措。党的十八届三中全会以来，习近平总书记亲自谋划、亲自部署、亲自推动国家公园工作。党中央、国务院出台政策文件，建立了国家公园制度体系的"四梁八柱"。陆续开展了10个国家公园体制试点工作，有关部门和12个试点省份共同努力，在创新管理体制、严格生态保护、促进社区融合发展等方面进行了积极尝试，圆满完成了试点任务。

2021年10月12日，习近平总书记在《生物多样性公约》第十五次缔约方大会领导人峰会上宣布，我国正式设立三江源、大熊猫、东北虎豹、海南热带雨林、武夷山等第一批国家公园。这些国家公园涉及青海、西藏等 10 个省（自治区），均处于我国生态安全战略格局的关键区域，保护面积达 23 万 km²，涵盖近 30% 的陆域国家重点保护野生动植物种类。第一批国家公园的正式设立，标志着自然保护地体系建设进入新阶段，标志着生态文明建设重大制度创新落地生根。

2022 年 12 月，国家林业和草原局、财政部、自然资源部、生态环境部联合印发《国家公园空间布局方案》，遴选出 49 个国家公园候选区，覆盖了森林、草原、湿地、荒漠等自然生态系统，直接涉及省份 28 个，涉及现有自然保护地 700 多个，保护了超过 80% 的国家重点保护野生动植物物种及其栖息地，总面积约 110 万 km²，全部建成后，中国国家公园保护面积总规模将是世界最大的。

四、荒漠化防治的技术与模式

（一）荒漠化防治技术

根据荒漠化土地所处的地理位置、气候、植被状况、土地类型和水资源状况等自然条件及其发挥的生物功能、经济功能，对荒漠化土地实行分类保护、综合治理和合理利用，将防治荒漠化土地的技术划分为以下几类：物理措施、化学措施、生物措施及综合防治措施。

（1）物理措施

采用各种机械工程手段，防治风沙危害的技术体系，包含机械阻沙和沙障固沙。机械阻沙主要包括挡沙墙、截沙沟、阻沙栅栏、防沙网等；沙障固沙主要包括草方格沙障固沙、黏土沙障、砾石沙障、沙袋沙障、植物材料沙障、机械-生物活体复合沙障等。物理措施通过对沙区风沙的固、阻、输、导，从而达到减轻风沙、防止风沙危害的作用。

（2）化学措施

主要是通过喷洒化学物质，如黏土、土壤固沙剂、沥青乳油等高分子材料来固沙。使其在沙地表面形成有一定强度的保护壳，隔开气流对沙面的直接作用，提高沙面抗风蚀性能，达到化学制品固定流沙、增肥保水造林的目的。

（3）生物措施

生物措施是荒漠化治理中最常用而有效的措施。它是通过种草种树增加人工植被，以及保护和恢复天然植被等手段，达到阻止流沙移动、改善沙区环境的技术措施。它是恢复和改善沙区生态环境的根本措施，既可以提供沙区人畜燃料和饲料，又可以恢复和改善生态环境。其主要内容包括飞播造林固沙技术，封沙育林育草、流动沙丘造林固沙技术，防风阻沙林带造林技术，防风护田等防护林营造技术，引进抗盐碱植物技术、草种补种技术等。

（4）综合防治措施

通过工程或化学措施通常能够较快速地达到固定流沙或沙丘的目的，但无法达到最终的治理目标，而生物措施治理后能够更好地实现其自维持，达到长期治理的目的，因此，实践中常将工程或化学措施与生物措施结合来治理荒漠化。

（二）荒漠化防治模式（图3.5）

（1）防护型模式

① 铁路治沙

铁路防沙治沙技术主要适用于沙丘地表流动性强、沙面不稳定、风蚀和沙埋普遍发生的干旱沙区。

技术要点包括：设立以高立式栅栏沙障为主的阻沙区；设立半隐蔽式麦草1m×1m方格沙障和沙障的人工固沙区；"阻""固"两个条带顺主风方向排列，在铁路两侧形成一定范围的防护区域，构成了铁路防沙工程体系。

目前，我国在铁路治沙方面已取得很好的效果，如包兰铁路、青藏铁路、环塔铁路等，已建成较好的铁路防护体系，对缓解铁路风沙危害成效显著。

②公路治沙

公路治沙主要是在公路两侧区域建立生物防护体系。以塔克拉玛干公路为例，以流沙区地下高矿化度水为水源，建立滴灌系统，利用梭梭、柽柳、沙拐枣三属高抗逆荒漠植物，在工程区建立阻固结合、以固为主的工程防护林带，拦截近地表风沙流，防止沙害形成。该技术主要适用于土壤贫瘠、风沙活动使沙面不稳定、地表水资源缺乏的极端干旱区。

防护型

● 铁路治沙

● 公路治沙

● 农田防护林

治理型

● 草方格沙障

● 低覆盖度治沙

● 飞播造林固沙

开发利用型

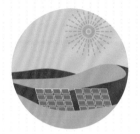

● 光伏治沙

● 沙区中草药开发

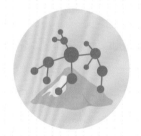

● 砂基材料开发

◉ 图3.5 荒漠化防治模式体系

沙坡头包兰铁路治沙模式（杨昊天 摄）

　　技术要点包括：选择具有高抗逆性的乡土植物种；依区域和植物的特征进行工程生物防沙体系结构布局；先采用半隐蔽式机械沙障固定沙面，再营造防护林；井位尽量设置在地形高点上及灌区的中部，建设独立灌溉体系；及时防治植物病虫害，定期修检管道，及时维修。

③农田防护林

　　农田防护林网是干旱沙区人工绿洲的重要生态屏障，在控制风沙等自然灾害，全面改善农田的小气候，保证农牧稳产、高产方面发挥了作用，受到科技工作者和农牧民的普遍重视。从我国农田防护林网的营造历史和采用的模式来看，经历了自由林网、"宽林带、大网格""窄林带、小网格"几个阶段，同时各地结合当地实际，创造性地建成了一些具有地方特色的农田防护林网营建模式，如林带与道路结合模式，林带与渠系结合模式，林、路、渠结合模式，农林间作模式等。

（2）治理型模式

①草方格沙障

草方格沙障是用作物秸秆、杂草或灌木枝条以方格状嵌入沙土，在网格内造林种草的技术，起到固定流沙、恢复植被、改善生态环境的效果。该技术主要适用于土地风沙危害严重、土壤贫瘠、植被覆盖度低的沙区。

技术要点包括：选择麦草、玉米秸秆、芦苇等材料；在沙丘迎风坡，先扎主带，后扎与主带垂直的副带，在背风坡上，宜顺坡从下而上先扎设主带，而后横坡从上往下扎置副带；平缓沙面上，规格为1m×1m，平坦、低凹区域及前沿地带，可采用2m以上规格，对于内蒙古西部等地区，网格大小一般设置为1.5m×1.5m，秸秆埋深30~40cm，地上部分20cm左右；沙障设置后，定期更换麦草，以防草方格腐蚀，并禁止人畜破坏。

②低覆盖度治沙

低覆盖度治沙是植被在低覆盖度（15%~25%）时实现防沙治沙目标的新领域，形成了适用于不同生物气候区防沙治沙的技术体系与模式，为极干旱区风沙防护提供了新思路。该技术适用于不同生物气候区的防沙治沙。

技术要点包括：按照当地自然林地的覆盖度，选用乡土树种，营建固沙林（植树占地15%~25%、空留75%~85%土地为自然修复带），在确保完全固定流沙的条件下，形成能够促进土壤与植被、微生物快速修复的乔灌草复层植被结构，构成防沙治沙体系。

③飞播造林固沙

飞播造林固沙是以种子为材料，通过飞机装载林草混合种子，将种子均匀地从空中撒播在沙地上，通过自然风力使种子覆土，依靠自然降水，促使种子发芽、生根、成苗，最终恢复荒漠化土地植被的一种荒漠化治理方法。飞播造林种草固沙恢复植被是治理荒漠化的重要技术措施。该项技术适用于降水量相对较多的干旱、半干旱沙化草原与荒漠等交通不便、丘间地比较宽阔、相对集中连片的宜林宜草沙荒地。

技术要点包括：飞播区的选择原则是选择急需绿化而又成片集中的沙区和沙化退化草场；有适宜飞播造林种草的自然条件；有适宜飞播造林种草的地形条件；有适宜飞播造林种草的社会经济条件。飞播植物材料选择原则是选择种子容易自然覆沙、发芽生长快、抗风蚀、耐沙埋、自然繁殖能力强、有较高的经济价值的灌草植物。

（3）开发利用型模式

①光伏治沙

我国西北地区有着最为丰富的太阳能资源，这里气候干燥，降雨量极小，日光直接照射的时间很长。随着太阳能等新能源的开发，开始探索光伏发电与荒漠治理相结合的"光伏治沙"模式。

敦煌地区的光伏治沙情景（李永华 摄）

光伏组件板遮蔽阳光直射有效降低了地表水的蒸发；光伏板的遮阴效果能使蒸发量减少20%～30%，并且光伏组件板还能够有效降低风速，能很好地改善植物的生存环境。正是基于上述原因，包括牧草在内的众多地表植被才得以生长；而地表植被的出现又反过来有助于地表的固沙保水，生态的改善对太阳能发电同样是有利的。扬起的灰尘对发电量的影响比较大，而植被能减少灰尘的扬起。由此可见，由于光伏组件板对于阳光直射的阻隔而产生新的生态环境对于荒漠化治理产生了正向作用。同时"光伏治沙"还可以与工厂化生产瓜果、蔬菜、花卉、微藻等产业发展结合起来，形成光伏治沙的一体化产业。

2021年10月12日，习近平主席在《生物多样性公约》第十五次缔约方大会领导人峰会上强调，中国将大力发展可再生能源，在沙漠、戈壁、荒漠地区加快规划建设大型风电光伏基地项目。

2022年1月30日，国家发展和改革委员会、国家能源局联合发布《以沙漠、戈壁、荒漠地区为重点大型风电光伏基地规划布局方案》和《关于完善能源绿色低碳转型体制机制和政策措施的意见》，提出"以沙漠、戈壁、荒漠地区为重点，加快推进大型风电、光伏发电基地建设"并公布了第一批基地清单；提出

"调整优化可再生能源开发用地用海要求，制定利用沙漠、戈壁、荒漠土地建设可再生能源发电工程的土地支持政策"等利好政策措施。荒漠生态系统"防治用"迎来了重大历史性机遇期和窗口期。

②沙区中草药开发

我国沙区拥有丰富的药用植物资源，共有76科226属394种。种类较多的科有唇形科、玄参科、菊科、十字花科、蔷薇科、豆科、大戟科、伞形科、百合科、黎科、毛茛科等，均在10种以上，其中，以菊科最多，达40种。人工栽植易成活的有沙棘、枸杞、甘草、黄芪、柴胡、远志、黄芩、地黄，还有白刺及其根部寄生的锁阳、梭梭及其寄生植物肉苁蓉等。

中医药宝库——库布齐沙漠围栏封育下的野生甘草群落（孙楷 摄）

空中俯瞰敦煌鸣沙山与防护林绿洲（乔治·斯坦梅茨 摄）

　　随着人们对中草药认识的不断增强，药用植物需求量逐年增加。野生药用植物生长分散，产量不稳定，不易采收，且有些珍稀野生药材只采不种，靠其自身更新比较困难，所以单靠采收野生资源已不能满足人们的需求。但是，可以将其集中栽培后，通过引种驯化、培育良种、除草松土等管理措施，取得稳定的产量。目前，栽培沙区药用植物还没有形成规模化，需要有组织、有计划地进行开发利用，把采、间、留结合起来，统筹兼顾，既考虑当前需求，又考虑长远利益。尤其是对多年生植物，防止砍光挖尽，造成植物资源绝种。人工栽培沙区药用植物资源，不仅能改善沙区脆弱的生态环境，还能带来良好的经济效益。

　　③砂基材料开发（仁创模式）

　　以砂基材料为原料制成的透水砖，作为一种新型的道路铺装材料，具有较高的孔隙率和较好的透水性，能够对地下水进行补

给，减小地基下沉，缓解城市抗洪排涝系统的压力；同时，地下水可通过透水砖孔洞蒸发，减少城市地面热能吸收和"热岛效应"，对降低城市噪声污染也有积极作用，很大程度上克服了传统阻水型地面铺装材料的缺陷，可解决因过度抽取地下水而造成地基下沉的问题。

仁创科技集团专业致力于"砂产业"开发。"砂产业"就是以沙为原料，通过技术创新，加工成各种各样对人类有益的砂产品，系统形成"以砂治水、以砂增油、以砂低碳、以砂治沙"为代表的解决问题方案，从而开创出一个具有完整产业价值链的战略性新兴产业——"仁创模式"。仁创已开发出150多项原创性科研成果，开辟了一条科学用砂治沙新途径，形成绿色可循环的工业型"砂产业"，为解决长期困扰人类的"沙漠化、水资源短缺、能源枯竭"三大世界性难题做出了成功的实践。

第四章
坚定不移走中国特色防沙治沙道路

"实践证明，党中央关于防沙治沙特别是'三北'等工程建设的决策是非常正确、极富远见的，我国走出了一条符合自然规律、符合国情地情的中国特色防沙治沙道路。"

——2023年6月6日，内蒙古自治区巴彦淖尔市，中共中央总书记、国家主席、中央军委主席习近平在加强荒漠化综合防治和推进"三北"等重点生态工程建设座谈会上的重要讲话

库姆塔格沙漠羽毛状沙丘（乔治·斯坦梅茨 摄）

一、2035远景战略目标

通过制定相应的战略任务，实施有针对性的优先行动等，预计到2035年，我国荒漠生态系统可持续发展将取得决定性进展，荒漠生态系统治理体系和治理能力现代化基本实现，可持续发展能力大幅提升。荒漠化和沙化土地面积保持连续减少的态势，沙化程度明显减轻，沙区植被覆盖基本稳定，沙区生态环境根本好转，四大沙地、沙漠绿洲、青藏高原、黄河流域、京津冀周边等重点区域生态状况显著改善，筑牢北方生态安全屏障的目标基本实现。力争用10年左右时间，打一场"三北"工程攻坚战，把"三北"工程建设成为功能完备、牢不可破的北疆绿色长城、生态安全屏障。国家沙漠公园建设体系逐步完备。沙区绿色产业支撑能力显著增强，沙区资源合理利用体制机制基本形成，建成比较完整的绿色产业体系。同时，在服务国家生态文明建设需求的基础上，将更好地满足国际履约需求和推进实现"土地退化零增长"目标。

二、打好三大标志性战役

在巩固现有成果的基础上，聚焦重点，集中力量，全力打好三大标志性战役。

一是黄河"几字弯"攻坚战。项目区分布在山西、内蒙古、陕西、甘肃、宁夏等5个省（自治区），是北方重要生态安全屏障脊梁。要以毛乌素沙地、库布齐沙漠、乌兰布和沙漠治理为重点，全面实施山水林田湖草沙区域性系统治理，大力发展生态光伏治沙，进而显著减轻沙患、盐患等生态危害，为黄河"几字弯"经济圈高质量发展提供生态支撑。

二是打好科尔沁和浑善达克沙地歼灭战。项目区分布在河北、内蒙古、辽宁、吉林、黑龙江等5个省（自治区），是距离北京最近的一个沙源区。我们要通过科学安排重大生态保护修复工程项目，实现区域内可治理沙化土地的全覆盖，稳步提升林草植被盖度，进而斩断影响京津冀地区的风沙源，构筑起保护黑土地和粮食安全的生态屏障。

三是河西走廊—塔克拉玛干沙漠边缘阻击战。项目区分布在内蒙古、甘肃、青海、新疆等4个省（自治区），是西北天然沙漠、戈壁的连片分布区。要加强重点风沙口治理和跨境沙源地的治理，特别是要突出抓好绿洲外围和沙漠边缘防风固沙林草带的建设，确保沙源不扩大、不扩散。

根据《全国防沙治沙规划（2021—2030年）》确定的7个重点建设区域，包括3个优先治理区（内蒙古东部及京津冀山地丘陵、库布齐沙漠及毛乌素沙地、河西走廊及阿拉善高原等）和4个优先预防区（古尔班通古特沙漠及绿洲区、塔克拉玛干沙漠及绿洲区、柴达木盆地沙漠及共和盆地、西藏"两江四河"河谷等），部署荒漠生态系统可持续发展重点区域。重点区域的遴选原则是按照自然条件的差异，选择极干旱区、干旱区、半干旱区为三大重点区域，在重点区域内分别选择1~2处具有代表性的区域。分别选择极干旱区的敦煌盆地、塔克拉玛干区，干旱区的黄河"几字弯"区（河套灌区，图4.1）和半干旱区的科尔沁沙地作为先行先试综合示范区，全面对接山水林田湖草沙一体化保护和修复工程项目。

（一）极干旱区

极干旱区代表性区域之一是敦煌盆地。敦煌盆地处于我国经济和

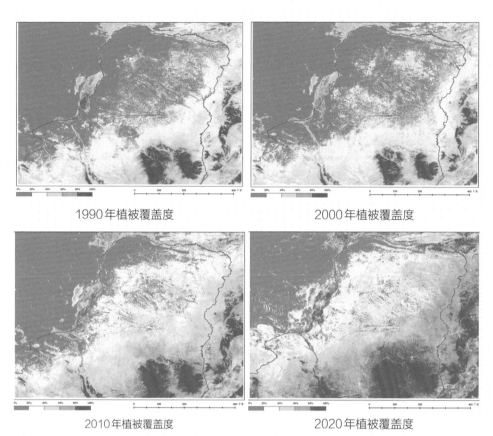

1990年植被覆盖度   2000年植被覆盖度

2010年植被覆盖度   2020年植被覆盖度

图4.1　黄河"几字弯"1990—2020年植被覆盖度

注：分析显示，40年来黄河"几字弯"地区显著"增绿"。

社会发展的节点位置，已经成为我国西北地区多民族交融与多民族文化的核心，造就了"丝绸之路"和"丝绸文化"的精髓——莫高窟、西千佛洞、榆林窟的文化艺术遗产和阳关、玉门关、汉长城等经典历史映像。区域地域结构上处于内蒙古高原与青藏高原交汇地带，雪山、戈壁、沙漠、绿洲、荒野等景观齐备；生态区位上处于青藏生物区系与中亚生物区系的交接场所，使该区成为同时凝聚干旱生物种质资源和高寒生物种质资源的典型地域。目前，区域内国家级自然保护区、国家级风景名胜区、世界文化自然遗产、国家沙漠公园、国家地质公园等各类自然保护地众多，交叉重叠、多头管理的碎片化问题严重，管理割据和藩篱高筑（各保护区铁丝网林立），亟待形成统一、规范、高效的管理体制，形成可复制、可推广的干旱区（荒漠）保护管理模式。

极干旱区代表性区域之二是塔克拉玛干周边区。以塔克拉玛干西北部阿克苏地区为先行先试综合示范区，弘扬"柯柯牙精神"，开展综合生态治理。当前，该地区面临以下问题：一是生态用水与生活用水、生产用水的协同，当前治沙用水与生产生活用水矛盾突出，应该紧紧抓住水这个"牛鼻子"，既保障生态治理，又保障生产生活；二是亟需实施全流域治理，在全流域范围内，实施生态用水的统筹规划，避免"各自为政、各家自扫门前雪"；三是生态治理与实现乡村振兴、共同富裕的协同，既保生态，又保民生，营造以生态防护林为主，经果林、用材林为辅的荒漠化治理工程；四是生态治理与边疆国土安全治理协同，切实保障边境生态安全，防范流沙入境。

（二）干旱区

干旱区代表性区域是黄河"几字弯"区（河套灌区）。河套灌区是我国北方重要粮仓和生态屏障，当前面临以下问题：一是黄河中上游宁蒙段横穿五大沙漠，导致粗沙大量入黄，问题在水、关键在沙（黄河岸线流沙），风蚀导致的沙化治理技术基本成熟，水蚀造成的粗沙入黄治理技术十分薄弱，亟需遏制黄河中游宁蒙段粗沙入黄持续恶化态势，研发黄河中游宁蒙段粗沙入黄治理技术。二是黄河"悬河"现象上移至河套灌区，生态安全存在重大隐患，面对河套灌区出现黄河"悬河"这一新生问题，治理技术匮乏，林田河沙系统治理技术储备不足，亟需防范化解河套灌区黄河"悬河"重大生态安全风险，建立河套灌区黄河"悬河"重大生态安全风险化解体制和体系。三是在黄河流域，有几个关键点位需要专防专治、应急处理：宁夏中卫沙坡头，是腾格里沙漠粗沙入黄最前沿，现在风大的时候风沙流直接入黄；内蒙古磴口的刘拐子沙头，是乌兰布和沙漠粗沙入黄最前沿。对沙坡头和刘拐子沙头等直接入黄的"沙头""沙口""沙源"，必须实施"斩首"行动、"断头"工程等非常规手段。四是黄河中下游的盐渍化，这也是荒漠化的四种类型之一，黄河中上游包括整个黄河灌区的前套、后套和银川平原，普遍存在盐渍化高风险。盐渍化土地的问题，事关粮食安全，需要引起重视。

（三）半干旱区

半干旱区的代表性区域是科尔沁—浑善达克两大沙地全域。两大沙地的原生植被以榆树稀树草原为代表。我国荒漠化防治的重点在防沙治沙，防沙治沙的主战场在三北，三北地区沙化土地70%是草原，治理修复沙化退化草原是防沙治沙的重要任务。目前，三北地区草原面积约22亿亩[①]，是森林面积的2倍，约占全国草原面积的55%，占区域国土总面积的27.5%。草原与沙源地、沙尘路径区高度耦合。要积极开展草原健康和退化评价，摸清数据本底。要根据资源禀赋和气候特点，设计不同区域的林草修复模式，合理划定沙化土地封禁保护区。要拜大自然为师，尽量选择当地原生植物品种，近自然搭配草灌乔配比。要有乔木防沙挡沙，要有草灌覆沙固沙，增加地表覆盖，实现源头不起沙。羊草治沙模式防沙治沙效果好、经济效益高、持续时间长，在该地区可推广发展。下大力气解决草原超载过牧问题。科尔沁、浑善达克沙地水土条件较好，可选择羊草、黄花苜蓿、碱茅等乡土草种，采取免耕补播方式开展人工种草，提高天然草原生态质量，重点治理风蚀坑和盐碱秃斑，采取压沙压碱、施肥松土、植被重建等多种举措集中力量消灭天然草原中的裸露沙地。编制科尔沁沙地全域2035发展战略，把科尔沁沙地打造成"国家生态方舟"，打造祖国北疆生态安全屏障的靓丽风景线。

---

① 1亩=1/15hm²，下同。

三、开展五项优先行动

从生态系统保护和可持续发展的高度，在战略任务中选择较为重要的、急迫的方面，优先部署五项行动。

（一）荒漠优先保护行动

一是全力推进增设荒漠类国家公园。国家先后批准 10 处国家公园试点，首批正式设立 5 个国家公园，但唯独缺少占国土面积将近 1/3 的荒漠类型国家公园，导致国家公园体系的不完整和不充分。荒漠是全球极具代表性的地带性自然生态系统，我国荒漠面积广袤、类型丰富，荒漠生态系统自然资源科学保护和合理利用意义重大，推动建立荒漠类型国家公园恰逢其时。我国荒漠大多位于西北干旱地区，自然景观优美、自然遗产丰富多彩、生物多样性敏感而特殊，保护范围大，生态过程完整，人类扰动接近于零，生态环境具有罕见的原真性；大多位于丝绸之路沿线，独特的文化遗产丰富绚烂，享誉全球，是国家名片。增设荒漠类国家公园，优先考虑荒漠的原真性，以库姆塔格沙漠为例。设立库姆塔格（荒漠）国家公园一是保护荒漠自然遗产、保证中华民族文化延续的迫切需要，二是加强区域生态保护、维护生物多样性的迫切需要，三是打造中国名片、讲好中国故事的迫切需要。"一带一路"沿线国家多具有与之相似的自然景观和生态环境，历史、文化、艺术领域也有联通之处，未来库姆塔格（荒漠）国家公园将有望打造成东方的"黄石"国家公园，成为"一带一路"沿线国家自然生态保护的标杆。

二是摸清优先保护对象的家底，开展中国沙漠、沙地、戈壁编目。沙漠（含戈壁、沙地，下同）与森林、湿地、草原、农田等一样，是全球陆地生态系统的重要组成部分。2020年4月27日，中央全面深化改革委员会第十三次会议审议通过了《全国重要生态系统保护和修复重大工程总体规划（2021—2035年）》（简称"双重"规划），首次确立了"荒漠"作为陆地四大自然生态系统之一的重要地位。2020年8月31日，习近平总书记进一步提出"要贯彻新发展理念，遵循自然规律和客观规律，统筹推进山水林田湖草沙综合治理、系统治理、源头治理"。至此，"沙"首次被纳入山水林田湖草沙"七位一体"的生态治理总纲，正式上升为国家战略和核心成员。对沙漠各类自然要素进行科学详查和整理，摸清沙漠家底，必须建立一项能基本满足国家和区域发展需求、科学完整、业内公认、社会共享的国家级沙漠编目技术，制定沙漠编目国家和行业技术标准，为国家整体和区域发展提供科学依据与决策支持，这将是荒漠生态系统领域未来一段时间的重点任务。未来应整合各类资源，重点支持中国沙漠、沙地、戈壁编目相关国家标准、行业标准的制定。

三是加强科普宣传、增加媒体互动，大力宣传荒漠的优先保护理念。通过各种形式的宣传，提升公众对于生态优先和保护荒漠生态系统的认可度，加强高校科研单位相关科学素养的培养。

（二）荒漠可持续发展行动

一是加强防灾减灾预报预警。当前荒漠生态系统面临沙尘暴、高温热浪、极端降水和洪水等灾害加剧的情况。基于荒漠生态系统长期定位观测网络，实现对荒漠生态系统最为脆弱和敏感地区的重点监测。生态脆弱带和敏感区多是自然灾害的多发区和发源地。对这些地区进行重点监测，及时获取生态系统各指标的动态信息，分析生态系统有可能出现的变化趋势，减少不应有的人类干预，可以有效地防范自然灾害的发生。同时，对生态敏感区域的动态监测可以获取荒漠生态系统对全球变化及其对人类经济活动响应的信息，有助于了解环境演变的动力机制。

二是遏制黄河中上游粗沙入黄、河套灌区"悬河"态势。黄河中上游当前风蚀导致的沙化治理技术基本成熟，水蚀造成的粗沙入黄治理技术十分薄弱。开展黄河中上游粗沙入黄生态安全治理提升技术研究，遏制黄河中游尤其是宁蒙段粗沙入黄持续恶化态势。面对河套灌区出现黄河"悬河"这一新生问题，治理技术匮乏，林田河沙系统治理技术储备不足。开展河套灌区"悬河"生态安全风险防范化解体制体系研发，防范化解河套灌区黄河"悬河"重大生态安全风险，保障河套灌区生产、生活、生态高质量稳定发展。预期目标：研发黄河中游宁蒙段粗沙入黄治理技术，使岸线流沙入黄减少30%以上，粗沙入黄得到初步遏制；制订河套灌区黄河"悬河"重大生态安全风险化解实施方案，建立相关"悬河"防范体制和治理体系，使"悬河"区段长度减少20%。

（三）荒漠高质量发展行动

一是推动沙漠、沙地、戈壁地区大型风电光伏基地建设。依据国家发展和改革委员会、能源局发布的《以沙漠、戈壁、荒漠地区为重点的大型风电光伏基地规划布局方案》，在库布齐、乌兰布和、腾格里沙漠选取重点区建立大型风电光伏基地。尽快开展沙漠、沙地、戈壁等典型地区光伏风电配套地表生态防护理论体系、技术体系研发，实现沙漠、沙地、戈壁自然资源开发利用与养护管理的和谐共生。预期目标：研发沙漠、沙地、戈壁等典型地区光伏风电配套地表生态防护技术体系，提升综合生态效益30%以上，通过长期地表生态保护显著提升地上光伏风电经济效益，总体达到国际领先水平，为建立大型风电光伏基地提供技术支撑。

二是加快建设荒漠生态系统绿色产业的金融支撑体系。按照"多采光、少用水、新技术、高效益"的理念，充分发挥沙区比较优势，适度发展绿色生态沙产业，引导沙区优化产业结构，逐步构建种养加产供销、农文旅一体化的现代沙产业体系，同时加快建立国家、地方、集体、个人以及社会各界联动互补多元化资金机制，促进沙产业发展。

（四）荒漠双碳行动

研发基于水资源承载力的固沙植被"固碳"提质增效技术。当前，流沙快速固定、飞播治沙、封育等单项治理技术基本成熟；固沙植被抚育技术严重缺乏，超过12年的老固沙植被80%以上发生退化，固碳潜力难以充分发挥；未能建立基于水资源承载力的沙区综合治理与可持续发展模式，造成一些沙区过度治理、过度开发，导致水资源过度消耗、地下水位下降，固沙植被密度过高、稳定性较差。亟需完善固沙植被更新复壮技术体系；构建精准治沙技术体系；建立基于水资源承载力的沙区生态安全格局优化模式。坚持以水定绿，以水定地，精准治沙。应开展荒漠绿洲区水土生态安全维持技术、荒漠生态系统生态保育技术、北方风沙带水土耦合与生态安全维持技术等研发工作。预期目标：完善固沙植被更新复壮技术体系，固碳潜力提高20%；构建精准治沙技术体系，宜林则林，宜灌则灌，宜草则

山前冲洪积扇戈壁（甘肃阿克塞阿尔金山）（卢琦 摄）

草，宜荒则荒；建立基于水资源承载力的沙区生态安全格局优化模式，使固沙植被水资源消耗降低 10% 左右，固沙植被稳定性明显提升，总体达到国际领先水平。

（五）荒漠管理的"中国方案"国际输出行动

积极开展国际合作和交流，将中国荒漠生态系统可持续管理的"防治用养"四字方针推广到全球，为全球治沙、防治荒漠化贡献中国智慧、提供中国方案。习近平总书记指出："我国处于近代以来最好的发展时期，世界处于百年未有之大变局，两者同步交织、相互激荡。"这句话对于指导荒漠生态系统管理工作来说，在国内、国际两个战场都是一个窗口和机遇。当前国际上有三项技术安排需要引起重视：第一，支持非洲开展绿色长城建设。2019 年在印度召开的《联合国防治荒漠化公约》第十四次缔约方大会（UNCCD-

COP14）上举办了一个非洲绿色长城计划筹资早餐会，中国就曾提出中国40年的治沙经验（尤其是被誉为"绿色长城"的"三北"防护林工程）可以直接与非洲对接且无缝衔接，全力支持非洲的绿色长城计划，贡献中国智慧、提供中国方案。第二个是农林复合经营，是欧盟援助非洲的另一个重大命题，中国也经验丰富、模式成熟。第三个就是光伏产业，特别适合非洲无电区域的局域发展。实际上这三项技术中国都基本处于国际领先地位。通过国际合作，搭乘"一带一路"快车，带着中国治沙的智慧和技术，穿越中亚、走进非洲、走向世界，为全球治理荒漠化、早日实现土地退化零增长作出中国贡献。

空中俯瞰敦煌鸣沙山与防护林绿洲（乔治·斯坦梅茨 摄）

四、加强国际合作交流

围绕《联合国防治荒漠化公约》的履约任务、"土地退化零增长（LDN）"目标评估、落实《"一带一路"防治荒漠化共同行动倡议》等，加强荒漠化防治的双边、多边与区域合作，开展全球荒漠化防治的交流与合作，引领各国开展政策对话和信息共享，共同应对沙尘灾害天气。

（一）加强荒漠化领域的双边合作

充分利用中阿合作论坛、中非合作论坛等双边机制，深化推进与阿盟国家、非洲、东亚、中亚国家在荒漠化防治领域的双边合作。

（1）中阿合作

荒漠化防治合作是中阿合作的重要领域之一，2014年起已连续纳入中阿合作论坛行动执行计划。《中国－阿拉伯国家合作论坛2020年至2022年行动执行计划》进一步强化林业和荒漠化防治的合作：积极推动开展林业经贸合作，开展互访和相关国际研讨交流活动；强化防治荒漠化领域的国际合作，积极促成双方在本领域达成新的合作备忘录；举办荒漠化防治国际研修班，双方专家开展互访，促进深入交流并探讨具体合作意向，争取启动并执行相关合作项目；举办有关荒漠化、干旱与土地退化的座谈会与研讨会。2022年12月9

日，习近平主席在首届中国-阿拉伯国家峰会上提出"中方愿同阿方设立中阿干旱、荒漠化和土地退化国家研究中心"。2023年，国家林草局已着手推动设立"中阿荒漠化防治合作中心"相关工作。

（2）中非合作

2021年11月29—30日，中非合作论坛第八届部长级会议在塞内加尔首都达喀尔举行，会议通过了《中非合作论坛—达喀尔宣言行动计划2022—2024》和《中非合作2035年愿景》。双方在生态保护和应对气候变化领域的行动计划强调"继续就荒漠化防治开展合作。中方将根据非方需求，通过专家交流、实地示范等方式互学互鉴，共同提升荒漠化防治水平。继续深化与撒哈拉地区非洲国家在沙害防治和产业发展方面的合作"。《中非合作2035年愿景》是中非双方首次共同制订的中长期务实合作规划，进一步强调"共同打造绿色发展新模式，实现中非生态共建"，特别提出"加强气象监测、防灾减灾、水资源利用、荒漠化、土地退化和干旱防治等领域合作，支持非洲保护生态环境和生物多样性，建设非洲'绿色长城'，提高气候适应能力"。

2017年4月，中国与埃及签署了《中国国家林业局与埃及农业和农垦部关于林业合作的谅解备忘录》，双方将在荒漠化防治领域加强合作，特别是积极推动技术示范合作项目，促进双方荒漠化防治技术推广和应用。同时，中国将继续推进面向埃及荒漠化防治技术研究与示范。

（3）中蒙合作

2022年11月27—28日，蒙古国总统乌赫那·呼日勒苏赫访问中国，共签署了16项双边合作文件。双方一致同意加强两国生态环境、防沙治沙领域合作。中方高度评价并积极支持蒙方"种植十亿棵树"计划，同意推动"一带一路"倡议框架内绿色发展、应对气候变化工作同"种植十亿棵树"计划对接，共同实施合作项目。中方祝贺蒙方将于2026年在蒙古国乌兰巴托市举办《联合国防治荒漠化公约》第十七次缔约方大会，愿同蒙方开展相关合作。11月28日，国家主席习近平在同蒙古国总统会谈时提出"愿同蒙方探讨设立中蒙荒漠化防治合作中心"。为落实支持蒙古国"种植十亿棵树"计划及设立"中蒙荒漠化防治合作中心"相关工作，2023年6月26日至7月10日，在国家国际发展合作署的支持下，国家林业和草原局派专家团前往蒙古国开展研讨与实地考察活动，为推动在蒙古国设立"中蒙荒漠化防治合作中心"提供可行性方案。

（4）与中亚国家的合作

2023年5月18—19日，中国—中亚峰会在西安举行，国家主席习近平主持峰会并发表主旨讲话，特别强调中方愿同中亚国家在盐碱地治理开发、节水灌溉等领域开展合作，共同建设旱区农业联合实验室，推动解决咸海生态危机，支持在中亚建立高技术企业、信息技术产业园。中方欢迎中亚国家参与可持续发展技术等"一带一路"专项合作计划。近些年来，中国相关科研机构也一直在开展对中亚国家的荒漠化防治技术培训，致力于将"中国方案"传递到中亚国家。在未来的合作中，应以新疆为基础，重点对接中亚五国，推广沙区交通干线防护、盐碱化治理等荒漠化防治实用技术，维护亚洲区域的共同生态利益。

（二）深化荒漠化领域的多边合作

继续深化包括与《联合国防治荒漠化公约》，联合国开发计划署（UNDP），联合国环境署（UNEP），联合国粮食及农业组织（FAO），全球环境基金（GEF），《联合国生物多样性保护公约》（UNCBD），《联合国气候变化公约》（UNFCCC），欧盟（EU），世界银行（WB），世界自然保护联盟（IUCN），联合国教育、科学及文化组织（UNESCO）等国际多边机构开展不同层次的合作。

充分利用UNCCD平台，启动"遏制荒漠化"全球治理行动，构建干旱区人类命运共同体。以中国率先实现土地退化零增长的范例引领全球，力争实现2030年土地退化零增长。充分发挥UNCCD及UNDP、FAO、UNESCO等国际组织的协调作用，支持与推动全球防治荒漠化合作顺利实施。

与UNCCD、IUCN等国际组织联合开展编制《全球自然沙漠（遗产）名录》工作。参照世界遗产名录，联合UNCCD、IUCN、

UNESCO等机构，共同编制《全球重要沙漠（遗产）名录》，建立国家公园、旱地自然保护区、封禁保护区等，有效保护原生荒（沙）漠自然与文化遗产。同时，倡议成立名录申报的专家评审委员会，组织开展申报工作，并将其作为一项长期开展的工作。

继续开展东亚地区、"一带一路"沿线及全球沙尘暴监测与评价工作。加强与全球"防治沙尘暴联盟"的合作，特别是与联盟中的世界气象组织（WMO）、世界卫生组织（WHO）、UNCCD、UNDP、UNEP、FAO、WB等国际机构开展共同防治沙尘暴行动，并减少重复工作。继续完善沙尘暴监测体系，提高东北亚沙尘暴源区国对沙源的治理和控制能力，提升区域荒漠化防治成效。

筹建国际旱地联盟（IUDRO），组建跨学科、多领域、国际化的生态科技创新团队，打造国际学术交流与合作联盟。联合UNCCD、世界水土保持方法与技术协作网（WOCAT）等相关国际组织和研究机构，仿照国际林业研究组织联盟（IUFRO）的运行体制和机制，成立国际旱地研究组织联盟（IUDRO）。召集干旱区主要国家的相关组织共同发起，建议成立常设机构（秘书处），主要通过组织各种交流活动来实现其宗旨。这些活动主要包括研究、传播科学知识，提供干旱区相关信息的获取渠道以及协助科学家和机构提升其科研能力。以IUDRO为平台，建立荒漠化防治技术领域的国际专家库，为荒漠化严重的发展中国家和地区提供直接的技术支持。

库姆塔格沙漠综合科考遭遇沙尘暴（崔向慧 摄）

（三）推进区域性与全球性交流与合作

加强"一带一路"区域、大中亚地区、东北亚地区及全球性的荒漠化防治交流与合作。

在"一带一路"沿线及区域开展荒漠化防治技术的示范与应用。一是推广示范我国机械化治沙等先进技术手段；二是推广示范我国交通干线、城镇（绿洲）综合生态防护体系建设经验，协助有关国家提升生态功能，维护生态安全；三是推广示范我国沙产业发展经验，鼓励相关国家发展沙区绿色经济，推动实现沙区生态、经济双赢。

完善东北亚防治荒漠化与干旱网络（中国、韩国、蒙古）的区域合作机制。2015年7月，东北亚防治荒漠化与土地退化国际磋商活动在北京举办，达成了《东北亚多方防治荒漠化联合行动计划》。中国政府应继续加强与相关国家搭建信息交流与经验共享平台，构建政府机构和民间组织、公共领域和私营部门、科学研发和基层实践的合作桥梁，为实现东北亚区域"土地退化零增长"目标作出贡献。

通过大数据平台推动全球开展"土地退化零增长"评估研究。

2021年9月6日，中国成立了可持续发展大数据国际研究中心，这是全球首个以大数据服务联合国《2030年可持续发展议程》的国际科研机构。应充分利用可持续发展大数据国际研究中心的研究力量和影响力，引领全球"土地退化零增长"评估工作，推动土地退化零增长（LDN）和全球可持续发展目标的实现。

依托UNCCD的宁夏国际荒漠化防治知识管理中心，构建全球信息共享平台和国际示范基地。2019年，公约秘书处在宁夏建立了国际荒漠化防治知识管理中心，应当以此为平台，利用互联网＋遥感地理信息技术等先进手段，推动"一带一路"沿线荒漠化与沙尘暴监测信息、荒漠化防治技术以及最佳实践模式等信息的共享。同时，建设宁夏荒漠化防治国际示范基地，重点对接UNCCD等国际组织，面向"一带一路"沿线国家，开展国际化、多元化的荒漠化防治知识管理与培训示范工作，推广示范荒漠化防治相关技术与方法等。

腾格里沙漠自然景观（崔桂鹏 摄）

下篇

知行合一，
大国治沙

世界最高海拔沙漠库木库里沙漠（崔向慧 摄）

第五章
系统治理典型案例

"人类要更好地生存和发展，就一定要防沙治沙。这是一个滚石上山的过程，稍有放松就会出现反复。"

"要坚持科学治沙，全面提升荒漠生态系统质量和稳定性。要合理利用水资源，坚持以水定绿、以水定地、以水定人、以水定产，把水资源作为最大的刚性约束，大力发展节水林草。要科学选择植被恢复模式，合理配置林草植被类型和密度，坚持乔灌草相结合，营造防风固沙林网、林带及防风固沙沙漠锁边林草带等。要因地制宜、科学推广应用行之有效的治理模式。"

——2023年6月6日，内蒙古自治区巴彦淖尔市，中共中央总书记、国家主席、中央军委主席习近平在加强荒漠化综合防治和推进"三北"等重点生态工程建设座谈会上的重要讲话

塔克拉玛干沙漠自然景观（崔向慧　摄）

一、全域治理的典范：乌梁素海案例

情况概述

　　乌梁素海流域地处内蒙古西部巴彦淖尔市境内，流域总面积约1.63万km²，是国家"两屏三带"生态安全战略格局中"北方防沙带"的关键地区，承担着调节黄河水量、保护生物多样性、改善区域气候等重要功能，是黄河生态安全的"自然之肾"（图5.1）。

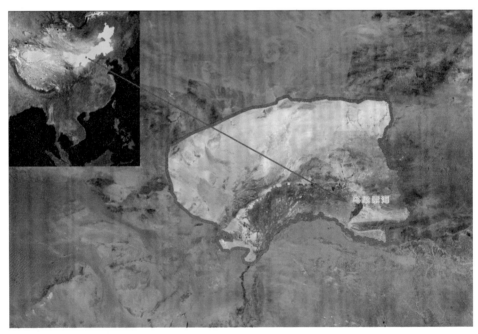

● 图5.1　乌梁素海地理位置图

　　新中国成立前，乌梁素海湖面面积是 800km^2，2010年萎缩至293km^2。尤其是从20世纪90年代以来，由于过度开垦、放牧、围湖造田、矿山开采、污水排放等原因，乌梁素海流域内沙漠化、草原退化、水土流失、土壤盐碱化、水环境质量恶化、生物多样性降低等问题严峻，流域生态系统的结构和功能损坏严重，其作为重要生态屏障的功能不断下降。

　　总书记牵挂着这片"海"，分别于2018年、2019年及2021年全国两会期间对乌梁素海作出指示批示。

　　2023年6月5日，习近平总书记来到乌梁素海并强调，治理好乌梁素海流域，对于保障我国北方生态安全具

有十分重要的意义。乌梁素海治理和保护的方向是明确的，要用心治理、精心呵护，一以贯之、久久为功，守护好这颗"塞外明珠"，为子孙后代留下一个山清、水秀、空气新的美丽家园。

防治措施

巴彦淖尔市委市政府审时度势，紧跟党中央的决策和部署，以问题为导向，建立健全保障体系，强化组织保障、法律保障及制度保障，系统推进全流域、全要素治理。

根据流域内不同的自然地理单元和主导生态系统类型（图5.2），用系统思维谋划和推动系统修复、综合治理、整体保护，因地制宜地开展不同治理措施。同时，注重大力发展绿色农牧业，推动产业生态化、生态产业化，将乌梁素海流域生态系统治理与绿色高质量发展紧密结合起来，并创新投融资模式、强化社会资本合作。

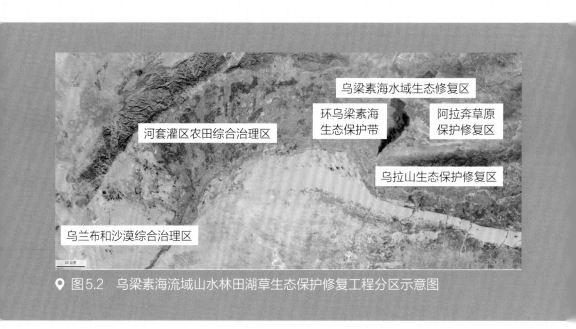

乌梁素海水域生态修复区

环乌梁素海生态保护带

阿拉奔草原保护修复区

河套灌区农田综合治理区

乌拉山生态保护修复区

乌兰布和沙漠综合治理区

图5.2 乌梁素海流域山水林田湖草生态保护修复工程分区示意图

截至2020年年底，已完成乌兰布和沙漠综合治理面积4万余亩，有效遏制沙漠东侵，阻挡泥沙流入黄河侵蚀河套平原（图5.3）。受损山体得到修复，矿山地形地貌景观恢复60%以上。项目区内河道水动力、水循环水质持续改善，湖区水质由劣V类提高到整体V类、局部IV类，生态环境质量改善，生物多样性持续恢复，共有鱼类22种，鸟类264种600多万只（图5.4）。

治理乌兰布和沙漠过程中，坚持生态治理产业化、产业发展生态化方向，形成肉苁蓉、酿酒葡萄、现代牧业、沙漠生态旅游、光伏发电为主的五大产业（图5.4）。

形成"一带、一网、四区"的生态安全格局，助推巴彦淖尔进入流域多要素系统治理提升生态功能的生态文明建设2.0时代，并积极向人与自然和谐共生的生态文明建设3.0时代发展。

治理成效

◉ 图5.3 治理前后对比

遵循系统治理、全域治理、源头治理的典范

4万余亩
沙漠治理

60%
以上矿山恢复

22
种鱼类

264
种鸟类

○ 图5.4　乌梁素海治理模式

二、林草建设的标杆：塞罕坝案例

情况概述

　　塞罕坝位于内蒙古高原的东南缘，处于阴山山脉东端、大兴安岭山脉南端、燕山山脉西北端汇合处，海拔1010～1940m，年平均气温−1.3℃，属典型的半干旱半湿润寒温性大陆季风气候（图5.5）。

图5.5　塞罕坝地理位置图

塞罕坝曾是清朝皇家猎苑"木兰围场"的重要组成部分，1863年开围放垦，随之森林植被遭到破坏。到新中国成立前夕，原始森林荡然无存，变成了风沙漫天、草木凋敝的茫茫荒原。塞罕坝距北京仅180km，海拔较高，在北风呼啸下，沙尘居高临下入侵北京。荒山秃岭、全年风沙、超过－40℃的严寒，使得初期的造林成活率不到8%。

塞罕坝人工林（孙楷 摄）

2017年8月，习近平总书记对塞罕坝林场建设者感人事迹作出重要指示。2021年8月23日，习近平总书记在塞罕坝机械林场考察时发表重要讲话指出："塞罕坝精神是中国共产党精

塞罕坝机械林场的人工林、草地、湿地景观（孙楷 摄）

神谱系的组成部分。全党全国人民要发扬这种精神，把绿色经济和生态文明发展好。塞罕坝要更加深刻地理解生态文明理念，再接再厉，二次创业，在新征程上再建功立业。"

防治措施

塞罕坝造林积累了丰富的经验，具有几个明显特征：为了筛选出"活、快、好、高"的树种，塞罕坝林场工人选择了多种树种在实验林里种植、研究、尝试，最终选定了3个主要

塞罕坝机械林场的清晨（孙楷 摄）

塞罕坝的清晨（孙楷 摄）

树种，即华北落叶松、云杉和樟子松；不是所有对森林的采伐都是乱砍滥伐，合理的森林采伐是一种经营手段，在林业上，间苗就是抚育采伐；高原选苗很有讲究，株植粗壮、根系发达的更容易存活。除此之外，塞罕坝人还发明了石质阳坡造林法、全光育苗法等方法（图5.6）。

另外，各级政府还出台了《塞罕坝森林草原防火条例》《河北塞罕坝机械林场营造近自然异龄混交林工作方案》《河北塞罕坝国家级自然保护区总体规划（2019—2028）》等法规和政策，切实保障了造林防沙效果（图5.6）。

中国共产党精神谱系的组成部分，
大规模林草建设的绿色丰碑

 115.1 万亩林地   **82%** 森林覆盖率   **1036.8** 万 m³ 林木

❶ 林木筛选
通过实验林尝试，选择"活、快、好、高"的华北落叶松、云杉、樟子松作为造林树种。

❷ 多元造林
发明石质阳坡造林、全光育苗造林等因地制宜高原造林的有效手段。

❸ 合理采伐
将间苗等合理的森林采伐作为一种生态经营手段，引导森林持续健康的生长。

❹ 制度保障
各级政府出台相关规划建设、植树造林方案与防火条例，切实保障造林防沙效果。

📍 图5.6 塞罕坝治理模式

治理成效

半个多世纪以来，三代塞罕坝人艰苦创业、接续奋斗，建成了世界上面积最大的人工林场，塞罕坝机械林场有林地面积由24万亩增加到现在的115.1万亩，森林覆盖率由11.4%提高到现在的82%，林木蓄积量由33万 m^3 增加到现在的1036.8万 m^3（图5.6）。林场湿地面积10.3万亩。森林资产总价值231.2亿元，每年提供的生态系统服务价值达155.9亿元，为京津冀筑起了一道牢固的绿色生态屏障。

塞罕坝机械林场的樟子松和落叶松人工林（孙楷 摄）

三、全流域治理的样板：石羊河案例

情况概述

石羊河流域是我国西北地区重点生态治理流域（图5.7）。青土湖绿洲位于甘肃省中部河西走廊的东北方向，地处石羊河流域下游，青土湖作为石羊河尾闾湖泊，是典型的生态脆弱区。由于经济发展和人类活动，青土湖于1959年完全干涸。

青土湖所在地区年平均气温7.8℃，全年大于10℃的有效积温3289.1℃。多年平均降水量110mm，约为年蒸发量的4.2%。全年盛行西北风，年均风速达4.1m/s，属典型的温带大陆性干旱荒漠气候区。

习近平总书记强调：确保处在巴丹吉林和腾格里两大沙漠间的绿洲甘肃省民勤县不成为第二个罗布泊。

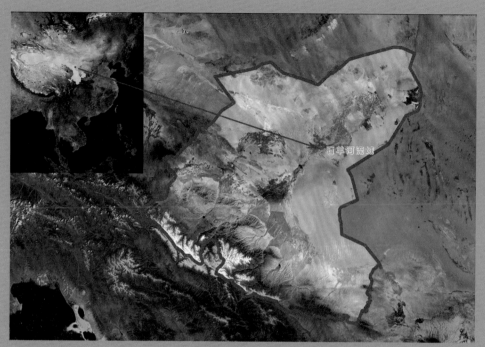

📍 图5.7 石羊河流域地理位置图

甘肃民勤人工梭梭林示范点（崔桂鹏 摄）

防治措施

（一）首要解决水的问题

科学合理的水资源利用是青土湖的关键。一方面压减农业用水，节约生活用水。另一方面，增加生态用水，保证工业用水。2010年以来，蔡旗断面过站总径流连续11年达到目标值。2012年至2020年，民勤盆地地下水开采量连续控制在0.86亿m^3以内，全面实现确定的"量大约束性指标"。青土湖重现碧波，水域面积从3km^2扩到26.7km^2，森林覆盖率由2010年的11.52%提高到2020年的18.21%（图5.8）。

（二）民勤治沙"中国经验"

滩地造林：采取麦草沙障+落水栽植梭梭、砂石滩地开沟+落水栽植、工程压沙+低密度造林+种草等治理模式，已完成滩地造林2.8万亩（图5.8）。压沙造林：民勤县压沙造林面积达到100.9万亩以上，在408km的风沙线上建成超过300km的防护林带，全县森林覆盖率由20世纪50年代的3%提高到18.21%。

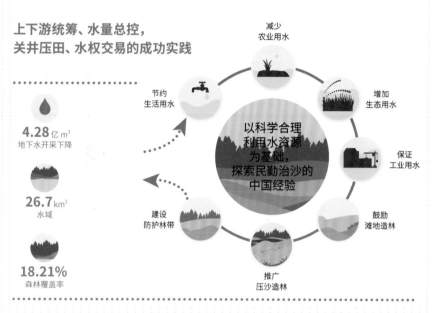

上下游统筹、水量总控，
关井压田、水权交易的成功实践

4.28亿m³
地下水开采下降

26.7km²
水域

18.21%
森林覆盖率

减少
农业用水

节约
生活用水

增加
生态用水

以科学合理
利用水资源
为基础，
探索民勤治沙的
中国经验

保证
工业用水

鼓励
滩地造林

建设
防护林带

推广
压沙造林

📍 图5.8　石羊河治理模式

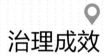 **治理成效**

石羊河流域地下水治理成效显著，2020年全流域地下水开采量7.32亿m³，较2006年减少了4.28亿m³（图5.8）；干涸51年之久的石羊河尾闾青土湖自2010年重现水面以来，到2020年年底扩大到26.7km²；国控监测点地下水埋深约3m，较2007年上升1m以上；旱区湿地面积达到106km²。青土湖生态环境得到有效治理，干涸多年的青土湖重现生机。

第六章
治沙楷模典型案例

白芨滩保护区重点保护对象：30万亩猫头刺植物群落（王瑞霞 摄）

一、人民楷模王有德：白芨滩案例

　　宁夏白芨滩国家级自然保护区建立于1953年，1986年成立省级自然保护区，2000年4月晋升国家级自然保护区，现总面积为70921hm^2。该保护区位于鄂尔多斯台地西南角，北部与毛乌素沙地相接，南部与黄土丘陵区相连，西部毗邻宁夏平原（图6.1）。最高海拔1650m，属中温带干旱气候区，年降水量150～170mm，蒸发量大。

　　该保护区是银川河东重要的生态屏障，区域内植被少且分布10多条水蚀冲沟，水土流失严重。由于降水少、自然修复力极弱、沙丘

❓ 图6.1　白芨滩地理位置图

高大，区域内风沙严重，次生灾害性天气对工农业发展危害较大。该保护区属于荒漠类型自然保护区，动植物类型具有脆弱性、典型性、多样性、稀有性，常年风沙天气导致动植物资源库受到严重威胁。

2008年4月7日，时任国家副主席的习近平同志考察白芨滩时提到"你们很辛苦，成果很喜人，很鼓舞人心。这是一项平凡而伟大的事业，也坚定了我们治沙的决心，对你们的事业，我们会全力支持"。2016年7月20日，习近平总书记视察宁夏讲话时提到"2008年，我曾到灵武的白芨滩，他们在王有德同志带领下，持之以恒、久久为功，治沙成效值得学习"。2020年6月9日，习近平总书记来宁夏讲话时强调"要顺应自然、尊重规律，既要防沙之害，又要用沙之利，在防沙治沙的同时，发挥沙漠的生态功能、经济功能"。

白芨滩周边毛乌素沙地的天然植被（庞营军 摄）

防治措施

（一）政策支持

开展保护区规划编制与实施，于2004年取得自治区政府核发的林权证，确定保护区国有土地70921hm²，其中：核心区面积31318hm²（占44.2%）；缓冲区18606hm²（占26.2%）；实验区20997hm²（占29.6%）。近5年，中央和地方财政拨入资金总计15140.22万元，支出总计14535.22万元。各项经费保障保护区正常运行。

宁夏灵武白芨滩国家级自然保护区重点保护对象：26万亩天然柠条林（王瑞霞 摄）

宁夏灵武白芨滩国家级自然保护区重点保护对象：30万亩猫头刺植物群落（王瑞霞 摄）

（二）本底调查

与中国林业科学研究院、宁夏大学等单位联合开展动植物资源等本底调查。保护区主要保护对象包括柠条灌木林和猫头刺灌丛群落，以及沙冬青、发菜、大鸨、秃鹫等国家重点保护动植物资源。

（三）治理模式

摸索出"六位一体"治沙模式（图6.2，图6.3）、"1+4"三季综合造林技术（"1"是草方格固定流沙，"4"是雨季撒播草籽、穴播灌木种子、营养袋苗造林、春秋植苗）以及"六个一"治沙目标（王有德提出"六个一"目标任务：每人一年扎一万个草方格，挖一万个树坑，种一万棵树，完成治沙造林面积一百亩，从治沙中实现收入一万元）。同时，积极开展保护区动态监测、管理管护、公众参与和宣传教育等。

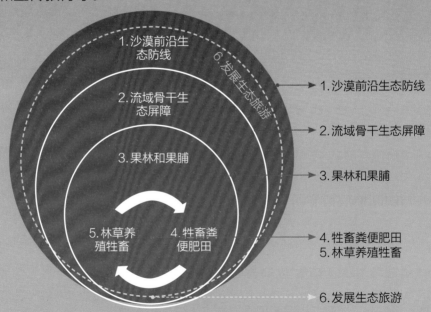

图6.2 宁夏灵武白芨滩国家级自然保护区"六位一体"治沙模式

"人民楷模"王有德带领下的"1+4"
精准造林技术、"六位一体"治沙模式

70万株
年产苗木

1个
国家沙漠公园

15.88亿元
生态效益

❶ 林草牲畜养殖

❷ 牲畜粪便肥田

❸ 发展果林果脯经济

❹ 建设流域生态屏障

❺ 沙漠前沿生态防线

❻ 发展生态旅游

📍 图6.3 白芨滩治理模式

（一）生态系统功能价值显著提升

📍 **治理成效**

评估显示，保护区森林生态系统服务功能年价值为15.88亿元（图6.3），其中：保育土壤价值最大，占33.32%；其次为生物多样性保护价值，占24.68%；再次为滞尘价值，占22.93%。

（二）构建良好生态产业体系

现有经果林共计2524亩、100965株；苗木培育面积达到5359亩，年产各类苗木70万株（图6.3）。相继出台六项治沙造林推动政策。初步构建起林下蓄草、生态养殖、沙地果苗、设施果蔬有机循环的生态产业体系。

沙漠与湖泊共存的自然景观（崔桂鹏 摄）

（三）人沙和谐，沙城融合

2014年，经国家林业局批准，宁夏灵武白芨滩国家沙漠公园正式启动建设。同时，国内唯一一家全国防沙治沙展览馆建成，介绍白芨滩的成功经验和治沙路径以供同类型地区借鉴。

银川白芨滩全国防沙治沙展览馆（王瑞霞 摄）

二、时代楷模八步沙六老汉：八步沙案例

情况概述

甘肃省武威市古浪县八步沙位于河西走廊东端、腾格里沙漠南缘（图6.4，图6.5）。腾格里沙漠位于内蒙古自治区阿拉善左旗西南部和甘肃省中部边境，其南缘不断南移，流沙入侵。

20世纪80年代之前，八步沙已经发展成7.5万亩的沙漠，成为古浪县最大的风沙口，给周边10多个村庄，2万多亩农田和3万多群众的生产生活以及公路、铁路造成极大危害。

图6.4 八步沙地理位置图

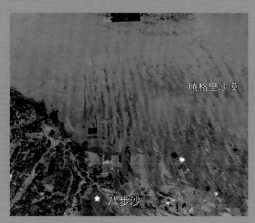

图6.5　八步沙与腾格里沙漠相对位置示意图

腾格里沙漠边缘的固沙植被与阻沙带（崔桂鹏　摄）

腾格里沙漠"锁边固沙"（崔桂鹏　摄）

腾格里沙漠自然景观（崔桂鹏　摄）

2019年8月21日上午，习近平总书记在甘肃武威市古浪县八步沙林场考察时提到"中国造出了世界上面积最大的人工林，为全球生态保护作出巨大贡献"。

2019年8月21日，习近平总书记来到古浪县八步沙林场考察。考察中，习近平总书记拿起一把开沟犁，参与治沙劳动。

技术措施：一步一叩首，一苗一瓢水；一棵树、一把草，压住黄沙、防止风掏；"网格状双眉式"沙障结构；打草方格，地膜覆盖。

八步沙三代治沙人的治沙智慧（李晓雅 提供）

积极发展以沙产业为主的生态经济，有效解决了"钱从哪里来""利从哪里得""如何可持续"的问题，实现了压沙造林与培育沙产业、发展生态经济的有机结合（图6.6）。得到了全国防沙治沙综合示范区、国家沙化土地封禁保护区、"三北"工程、省级防沙治沙专项、草原生态保护修复治理等重点项目的支持。

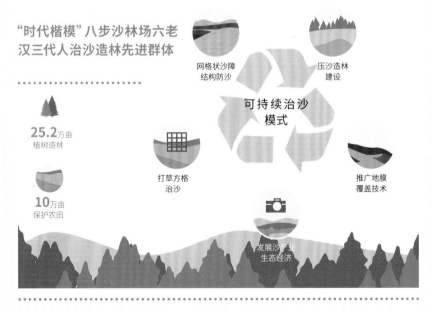

"时代楷模"八步沙林场六老汉三代人治沙造林先进群体

25.2万亩 植树造林

10万亩 保护农田

网格状沙障结构防沙

压沙造林建设

可持续治沙模式

打草方格治沙

推广地膜覆盖技术

发展沙产业生态经济

图6.6　八步沙治理模式

四十年中，八步沙治沙人先后完成治沙造林25.2万亩，管护封沙育林草面积41.6万亩，形成一条南北长10km、东西宽8km的防风固沙绿色长廊，令全县风沙线后退了15km，周边10万亩农田得到保护（图6.6）。

治理成效

八步沙所在的腾格里沙漠自然景观（崔桂鹏 摄）

三、治沙造林的右玉精神：右玉案例

情况概述

山西省右玉县地处黄河"几字弯"东部（图6.7），属晋西北高寒冷凉干旱区，国土面积1969km²，辖4镇4乡172个行政村和1个风景名胜区，常住人口8.82万。新中国成立初期，这里是土地贫瘠、寸草不生的不毛之地，当时的右玉县生态环境恶化，自然灾害频发，全县仅有残林8000亩，土地沙化面积达255万亩，占县域国土总面积的76%。70多年来，历届党政领导班子团结带领全县干部群众靠着"一张铁锹两只手、咬定绿化不放松"的穷不倒精神，坚持不懈植树造林，坚忍不拔改善生态，昔日的"不毛之地"变成了如今的"塞上绿洲"，全县林木绿化率从解放初期的0.3%提高到57%。右玉县先后荣获"三北"防护林建设先进县、全国治沙先进单位、全国绿化模范县、全国绿化先进集体、国土绿化突出贡献单位等国家级荣誉，成为国家级生态示范区、绿水青山就是金山银山实践创新基地、全国防沙治沙综合示范区。

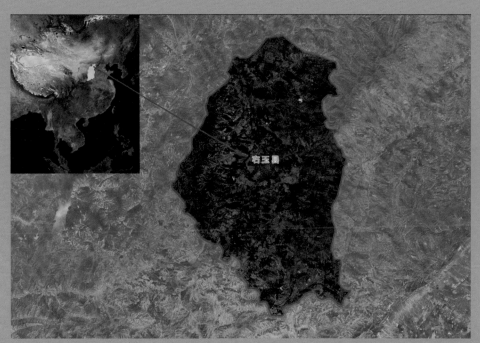

🔍 图6.7　右玉地理位置图

20世纪50年代山西省右玉县：高寒、干旱、大风、沙质造就了环境的脆弱性（党宏忠　提供）

70多年来，从第一任县委书记张荣怀开始的26任县委书记，高举植树造林、防风固沙的大旗，换领导不换蓝图，换班子不减干劲，一任接着一任干，一张蓝图绘到底，带领导全县、乡、村三级领导干部，号召全县每一位公民开展义务植树"接力赛"。对于右玉县的生态保护，习近平总书记先后六次作出重要指示，强调"迎难而上、艰苦奋斗、久久为功、利在长远的右玉精神是宝贵财富，一定要大力学习和弘扬""要牢固树立绿水青山就是金山银山的理念，发扬'右玉精神'，统筹推进山水林田湖草系统治理"。

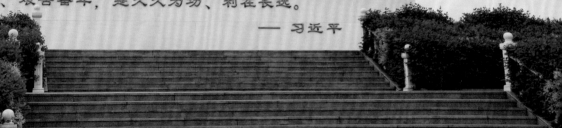

2023年习近平总书记对"右玉精神"的阐述：迎难而上、艰苦奋斗、久久为功、利在长远（党宏忠 摄）

防治措施

70多年来，右玉县始终坚持"三个结合"，因地制宜，科学规划，积极探索高寒冷凉干旱地区防沙治沙的有效途径。

（一）乔、灌、草相结合，构建立体式的植被系统

根据不同区域立地条件，采取"阳坡柠条阴坡松、沟底河岸沙棘林、通道村镇栽杨柳、林中进草草间林"的建设模式（图6.8）。坚持工程措施与生物措施相结合、综合治理与全面开发相结合，先后对苍头河、李洪河等规模较大的流域和重点小流域进行了全方位、立体式治理开发，形成了高低错落、功能各异的生态植被系统。

（二）人工造林与自然修复相结合，探索多样化的恢复模式

实施了以退耕还林、农民进城、牲畜进圈为主的工程。完成退耕还林26.5万亩，建起移民新村，撤并山庄窝铺，尽量减少人为的

20世纪50年代"右玉精神"指引下的全民造林（党宏忠 提供）

生态植被破坏。对移民迁出村的陡坡和沙化耕地全部实施了退耕还林，退化草地实现了自然修复，极大地改善了当地生态环境。

（三）生态建设与农民增收相结合，做强特色化的生态产业

坚持防沙治沙与产业发展并重的战略，不断激活生态产业，解放发展林业生产力。近年来，紧紧围绕"提升绿水青山品质、共享金山银山成果"的主题主线，按照生态建设"绿化、彩化、财化"同步推进的思路，把发展林业经济与产业富民有机结合，进一步转变发展方式，推动林业可持续发展，加快实现右玉由"绿起来"到"富起来"，让人民群众更多地享受到生态红利，实现了增绿、增色、增景、增收的良好效果。

以"右玉精神"为指引的高寒防风固沙立体化植被建设摸索出了"穿靴、戴帽、贴封条、扎腰带"的半沙化土壤造林法

70 多万亩
植树造林

28.5万亩
沙棘林

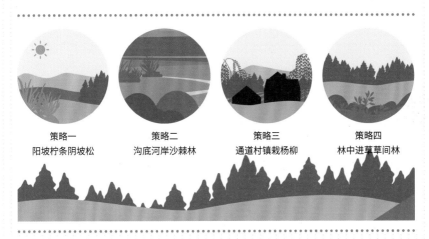

| 策略一 | 策略二 | 策略三 | 策略四 |
| 阳坡柠条阴坡松 | 沟底河岸沙棘林 | 通道村镇栽杨柳 | 林中进草草间林 |

◉ 图6.8　右玉治理模式

治理成效

（一）全县植被盖度显著提升

"十二五"期间，全县实施大片造林33万亩。"十三五"以来，统筹推进山水林田湖草系统治理，加快推进全域绿化，全县营造林40多万亩。2020年，在全省率先实现了全域宜林荒山基本绿化。2019年、2020年，分别承办了全省国土绿化右玉现场推进会、全国防沙治沙暨京津风沙源治理工程经验交流现场会。

（二）交通干线绿化与景观质量大力提升

以境内苍头河、杀虎口等景区为轴，以交通主干线为骨架，在沿线两侧营造较宽的护岸林带、护路林带，全县基本构筑起了以"绿化带、生态园、风景线、示范片、种苗圃"相结合的生态网络。打造了109国道、大呼高速、右平高速等一批精品绿化工程。在流域治理上，坚持工程措施与生物措施相结合、综合治理与全面开发相结合，先后对苍头河、李洪河等规模较大的流域和20多条重点小流域进行了全方位、立体式治理开发，形成了高低错落、功能各异的生态植被系统。

（三）生态产业得到长足发展

近年来，依托良好的生态资源环境，大力发展林下种养殖，一大批生态旅游、苗木产业、沙棘加工等新型产业快速发展，成为推动农村经济发展的重要支柱。充分利用丰富的沙棘资源进行加工开发，把小沙棘做成大产业。沙棘林总面积达到28.5万亩（图6.8），年采摘沙棘果8000t左右，销售额5600万元。8家沙棘加工企业年产沙棘果汁、原浆、罐头、果酱、酵素等各类产品超过30000t，产值2亿多元，形成了产供销于一体的经济林产业链。先后建成了以小南山城郊森林公园、四五道岭、松涛园、贺兰山等为重点的一批生态观光旅游景区，生态旅游业正在逐步成为全县一大新兴产业和新的经济增长点。

右玉黄沙变林海
（党宏忠 摄）

第七章
三大战区典型案例

一、黄河"几字弯"攻坚战：
磴口、沙坡头和库布其案例

磴口案例

情况概述

磴口县位于黄河"几字弯"的顶端，位于内蒙古自治区巴彦淖尔市西南部，地处乌兰布和沙漠东北部，全县总土地面积625.0万亩，其中：沙漠面积占总土地面积的68.3%。据资料记载，"只见流沙，不见树木"是磴口县解放前的林业现状，"一年一场风，从春刮到冬，三天不刮风，不叫三盛公"是磴口县自然环境的真实写照（图7.1）。

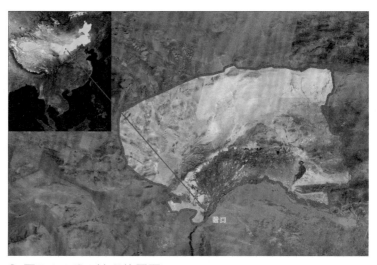

📍 图7.1 磴口地理位置图

乌兰布和沙漠东北部刘拐沙头（高君亮 摄）

　　乌兰布和沙漠是中国八大沙漠之一，总面积9760.4km²，固定、半固定和流动沙丘分别占33.59%、23.67%和42.74%。乌兰布和沙漠是中国北方主要沙尘释放源区之一，也是京津冀风沙源治理工程建设区和国家重点生态功能区之一，在全国生态战略格局中占有举足轻重的地位。

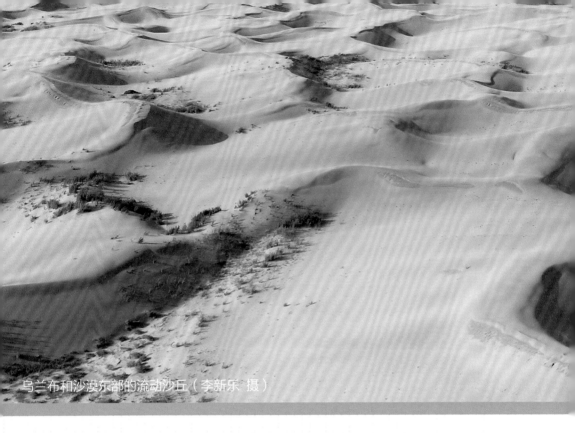

乌兰布和沙漠东部的流动沙丘（李新乐 摄）

乌兰布和沙漠的防沙治沙工作一直得到中央和地方政府的关注。

2006年10月，温家宝总理在《关于对乌兰布和沙漠地区继续进行治理的报告》上作了重要批示，责成国家发展和改革委员会以及有关部门对乌兰布和沙漠的治理进行专题研究。

2007年1月，国家发展和改革委员会、农业部、水利部、国家林业局组成联合调查组进行了乌兰布和沙漠现场考察调研。

2010年8月，孙鸿烈等5位院士及内蒙古有关

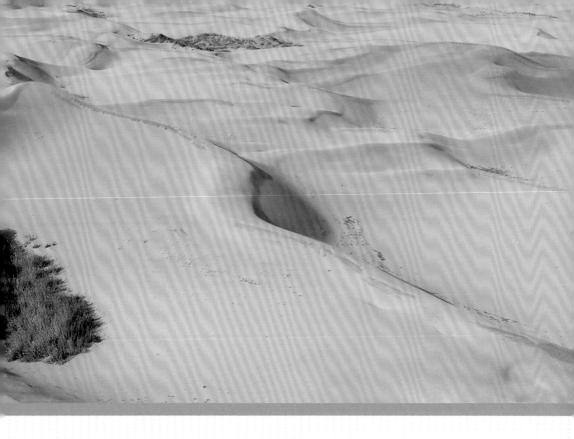

领导与专家一行考察了风沙入黄现状和治理状况。

2023年6月，中共中央总书记、国家主席、中央军委主席习近平在内蒙古巴彦淖尔市考察，主持召开加强荒漠化综合防治和推进"三北"等重点生态工程建设座谈会并发表重要讲话。习近平深刻指出："要因地制宜、科学推广应用行之有效的治理模式。四十多年来，我们创新探索了宁夏中卫沙坡头模式、内蒙古磴口模式，还有库布其模式、新疆柯柯牙模式等一大批行之有效的治沙模式。"

防治措施

面对恶劣的自然环境与严重的风沙灾害，磴口县充分发扬"不畏艰难，负重前行；团结拼搏，取得胜利；继往开来，永不止步"的治沙精神，坚持不懈开展治沙工作。1950年10月，磴口县决定把战胜风沙灾害、发展农牧林业生产列为首要任务，提出了"面向沙漠、面向黄河、植树造林、封沙育草、保护草原、发展农牧业生产"的奋斗方针，并组织全县人民向沙漠进军。

在70余年的治沙历程中，磴口县不断总结经验教训，探索出了各种治理流沙的方法与技术。进入21世纪以来，在"产业治沙理念"的指导下，磴口县的治沙技术大力提升，林沙产业也得到了快速发展。

（一）农田防护林网

位于磴口县的中国林业科学研究院沙漠林业实验中心成立以来，在乌兰布和沙漠东北部试验和营造了多种结构和模式的防护林，逐步建成了树种丰富、结构多样的农田防护林，保障了绿洲内农田和人民的生产安全，同时也为我国旱区绿洲防护林体系建设提供了模板，尤其是"七五"国家科技攻关项目"大范围绿化工程对环境质量作用的研究"的实施（图7.2）。当时由于环境恶劣，为了使防护林在短时期内发挥防护效益，采用宽林带造林模式，林带由8行树组成，株行距4m×4m，主带间距130m、南北向，副带间距430m、东西向，大乔木（杨树）下配置小乔木（沙枣）或灌木（紫穗槐等）。该工程经过10年的建设与科学监测，证明工程对环境有明显的改善作用，为"三北"林业生态工程区域性建设成效提供了定量化指标和科学依据。

后期，在环境条件好转、防护林面积增大的情况下，宽林带对其防风效能影响不显著，进而为窄林带设计提供了依据，即绿洲林网设计主要采用2行1带式的"窄林带、小网格"，主带间距140m，副带间距300m，沿灌溉渠道栽植杨树。该林带模式提高了土地利用率，减少了林农矛盾，促进了林木快速生长，使其提早成材、提早形成防护效益，并提高了经济效益。

宽林带式农田防护林保留部分（高君亮 摄）

俯瞰磴口农田防护林网建设（李新乐 摄）

（二）人工梭梭林+接种肉苁蓉

磴口县于2001年开始发展人工梭梭林接种肉苁蓉，先后有内蒙古王爷地苁蓉生物有限公司等20余家企业参与发展这种林下经济。2020年，人工梭梭林50余万亩，接种肉苁蓉14万亩，年产肉苁蓉鲜品500t（图7.2）。同时，也开发了原生态苁蓉系列养生产品，并将产品推广到国际市场。

接种肉苁蓉的人工梭梭林（高君亮 摄）

接种肉苁蓉（魏君 摄）

肉苁蓉（高君亮 摄）

磴口县接种肉苁蓉的人工梭梭林（高君亮 摄）

（三）"光伏+"治沙

　　2012年，国家电力投资集团结合磴口县太阳能富集优势，提出了"光伏治沙、恢复生态"的理念，并于2013年与当地签订了光伏治沙项目合作开发协议。从2015年起，磴口县开启"借光治沙"新模式，大力发展光伏发电绿色清洁能源。目前，磴口县已围绕实现"双碳"目标，按照"光伏+"治沙模式，将光伏发电与生态治理有机结合，且实现了"板上发电，板下生金"（图7.2）。

磴口县已建成的光伏基地（李新乐 摄）

磴口县已建成的
光伏基地（李新
乐 摄）

圣牧高科的草业基地（李新乐 摄）

（四）草业治沙

磴口县抢抓内蒙古自治区奶业振兴战略机遇，依托乌兰布和沙漠绿色无污染资源优势，积极培育并发展壮大有机奶业和饲草业，建成了全国最大全产业链有机奶源中心。同时，将牧场建设作为重点项目与工作，建设优质牧草基地31.5万亩（图7.2）。

优先保护、协调发展、构建山水林田湖草沙系统治理综合体，探索农田防护林网庇护下的生态产业化、产业生态化新路径

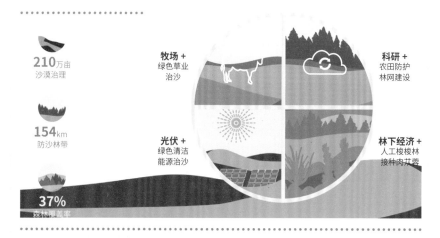

210万亩
沙漠治理

154km
防沙林带

37%
森林覆盖率

牧场 +
绿色草业
治沙

光伏 +
绿色清洁
能源治沙

科研 +
农田防护
林网建设

林下经济 +
人工梭梭林
接种肉苁蓉

图7.2　磴口治理模式

1950—1960年，磴口人民在沙漠东缘营造一条长154km的防沙林带，封沙育草124万亩，有效遏制了沙漠东移（图7.2）。1952年，林业部授予磴口县"造林绿化先进县"；1958年，林业部授予磴口县"全国治沙造林模范县"；1959年，中央电影制片厂和内蒙古电影制片厂联合摄制了专题片《战黄龙》并在全国播映。

2000年以来，磴口县提出了"以生态建设统领全局""生态治县""创建黄河中上游生态建设第一县"的战略决策，相继争取并实施了国家重点生态建设工程、天然林资源保护工程、"三北"防护林建设工程、退耕还林工程、京津风沙源二期工程、山水林田湖草沙综合治理试点等，210万亩沙漠得到有效治理，植被覆盖率由新中国成立之初的0.04%提高到目前的37%（图7.2）。磴口县先后被评为全国"绿水青山就是金山银山"实践创新基地、全国防沙治沙综合示范区等。

治理成效

区域概况

沙坡头地处腾格里沙漠东南缘（图7.3），年均降水量为186mm，年平均风速为3.5m/s，扬沙事件频繁，累积持续时间超过1177h/年，地下水埋深达60m，不能为植物利用。该区主要景观类型为高大密集新月形沙丘链；沙层稳定含

图7.3 沙坡头地理位置图

沙坡头铁路治沙照片（杨昊天 摄）

水量仅2%~3%；天然植被盖度1%左右，属草原化荒漠地带。该区气候干旱、大风频繁，地表植被稀少并为流沙所覆盖。风沙遇到路基和线路上部结构的阻挡，挟带的沙粒在线路上形成堆积，埋没道床和钢轨，同时还会风蚀路基和磨蚀设备，给铁路的运营和养护带来一系列的危害，对铁路安全运行造成严重威胁。

沙坡头沙害铁路防护体系，成功地保障了包兰铁路畅通无阻。该铁路防护体系被国外专家誉为"中国人创造的奇迹"，国际社会将其称为"沙坡头方式"并赞誉为"堪称世界首次成功的铁路治沙工程"，因此其受到众多国家领导人关注。

沙坡头铁路治沙（杨昊天 摄）

防治措施

（一）固沙魔方"草方格"沙障

麦草（稻草）方格固沙法是将废弃的麦草呈方格状铺在沙面上，留麦草的三分之一或一半自然立在四周，再将方格中心的沙土移到四周麦草的根部，使麦草牢牢地竖立在沙地上。经过反复实践和实验模拟研究，创造性地改良了闻名全球的"1m×1m草方格沙障"，可使流沙不易被风吹起，达到阻沙、固沙的目的（图7.4）。

（二）前沿阻沙带

利用秸秆、树干、水泥柱、通风砖或尼龙网等材料，在流动沙丘群迎风方向最前沿设立高立式栅栏构成阻沙区，阻止沙埋（图7.4）。

（三）"五带一体"的沙坡头铁路治沙体系

在阻沙带后沙面扎设半隐蔽式草方格沙障，沙障内按一定比例和密度栽植优良固沙植物，组成稀疏的人工植被，形成了"以固为主、固阻结合"的沙害治理模式（图7.4）。

"五带一体"（固沙防火带、灌溉造林带、草障植物带、前沿阻沙带、封沙育草带）铁路治沙体系创举，荣获国家科技进步特等奖

 150万亩 沙漠治理　　**30%** 植被覆盖率　　 **453**种 天然植物

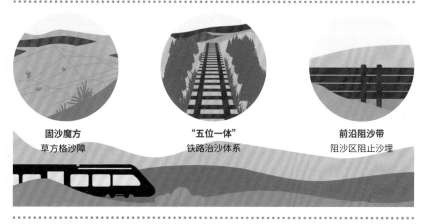

固沙魔方
草方格沙障

"五位一体"
铁路治沙体系

前沿阻沙带
阻沙区阻止沙埋

⚲ 图7.4　沙坡头治理模式

治理成效

　　沙坡头区防沙治沙在包兰铁路两侧形成了宽1km的绿色长廊，有效控制了区内风沙活动，沙丘表面稳定；建成了生态防护林和生态经济林，发展特色农业、光伏产业、沙漠旅游业，实现了人进沙退的重大转变，已治理沙漠150万亩，治理区天然植物由25种增加到453种，植被覆盖率由原来不足1%上升到30%（图7.4）。1988年,沙坡头治沙防护体系荣获国家科技进步特等奖。"包兰线沙坡头地段铁路沙害防护体系"保障包兰铁路安全运行近七十载，也是我国沙害防治、沙地开发和荒漠生态系统恢复与重建等方面的原创性成果，解决了国家在沙漠和沙漠化土地治理中急需解决的科技问题，成为中国最早向世界输出的治沙方案，是国际防沙治沙典范。

沙坡头铁路治沙（杨昊天 摄）

库布其案例

📍 区域概述

库布齐沙漠是中国第七大沙漠，位于鄂尔多斯高原脊线的北部，长400km，宽50km，总面积约1.39万km²，流动沙丘约占61%，沙丘高10～60m，形态以沙丘链和格状沙丘为主。库布齐沙漠气候类型属于中温带干旱、半干旱区，气温高，昼夜温差大，气候干燥，年大风天数为25～35天。东部属于半干旱区，雨量相对较多；西部属于干旱区，热量丰富；中东部有发源于高原脊线北侧的季节性川沟十余条，沿岸土壤肥力较高；西部地表水少，水源缺乏，仅有内陆河沙日摩林河向西北消失于沙漠之中。沙漠东南地区有大面积砒砂岩地貌分布，砒砂岩地貌极易发生侵蚀，导致粗沙入黄（图7.5）。

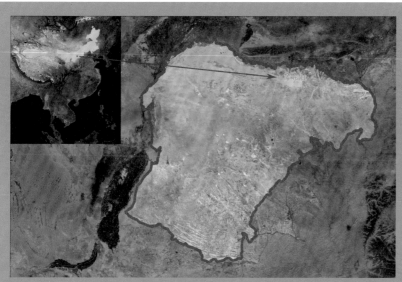

🔎 图7.5　库布其案例地理位置图

鄂尔多斯砒砂岩地貌，粗沙入黄
形势严峻（崔桂鹏 摄）

库布齐沙漠光伏＋治沙模式（崔桂鹏 摄）

🖈 防治措施

对库布齐沙漠南北边缘立地条件较好地段进行防护林营造、南围北封"锁边林"治理。采取先易后难，由近及远的治理原则，从中小型流动沙丘的治理入手，利用"前挡后拉"乔灌树种防风固沙技术，在沙丘迎风坡1/2或1/3以下及丘间低地，设置沙蒿、沙柳沙障，并在沙障中栽植柠条，扦插沙柳，播种沙蒿，背风坡脚采用"高秆造林"技术栽植杨柳树种，形成乔灌结合、带片混交的合理布局，治理效果明显。采用"封沙育林育草技术""飞机播种造林技术"、乔灌草相结合的防风固沙造林技术，形成防风固沙"锁边林"林带。

在库布齐沙漠腹地，国家电投集团达拉特旗光伏领跑基地骏马电站用19.6万块蓝色光伏板拼接成巨型光伏电站。电站采用林光互补模式，光伏阵列间种植紫穗槐、黄芪等经济林，在光伏板下种植沙生灌草植物，每亩投入费用约3000元，保护光伏阵列间免遭风沙侵蚀，实现板上发电、板下修复、板间种植。电站将周边煤矿疏干水变为电站基地产业用水，把发展光伏产业与沙漠有机农业、沙漠风情旅游和推动乡村振兴有机结合，推动生态产业化和产业生态化（图7.6）。

图7.6　库布其治理模式

治理成效

经过多年的治理，沙漠约三分之一的面积得到绿化，形成了著名的"库布其模式"。治理区的植被覆盖度达到了65%，生物种类达到1026种，沙丘高度平均降低25m。库布齐沙漠输入黄河的泥沙减少八成，实现了从"沙进人退"到"绿进沙退"的历史性转变。2021年，达拉特光伏发电应用领跑基地100万千瓦项目全部建成投产，已累计治理沙化土地1.6万亩。周边形成绿色生态农业6.8万亩，产值达到1.36亿元；年发电量40亿度，产值达到12亿元。

库布齐沙漠锁边固沙（崔桂鹏 摄）

二、科尔沁、浑善达克沙地歼灭战：通辽和章古台案例

通辽案例

情况概述

科尔沁草原位于内蒙古自治区东部，面积11.12万 km²，在通辽市境内占52.7%。科尔沁草原山水林田湖草沙系统项目实施区域位于科尔沁草原生态功能区核心区，约占功能区总面积的52.7%，范围上与通辽市境内的西辽河流域边界重合。东与吉林省接壤，南与辽宁省毗邻，西与赤峰市、锡林郭勒盟交界，北与兴安盟相连。项目实施区域面积为50438km²，地理坐标为东经119°14′~123°43′，北纬42°15′~45°59′（图7.7）。

草原退化、土地沙化、地下水水位下降是科尔沁草原的三个核心生态问题。三个问题相互作用、相互影响，形成恶性循环，导致科尔沁草原防风固沙、水源涵养、水土保持与生物多样性

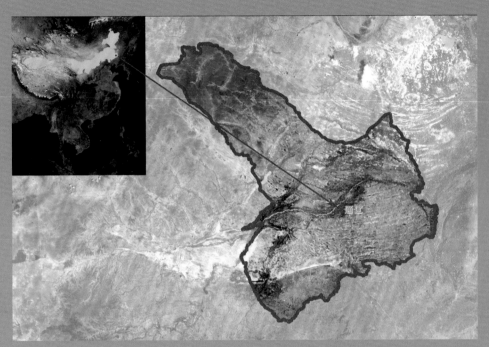

📍 图7.7　通辽地理位置图

维持功能退化。因此，亟待突破以往单要素治理的局限，实施科尔沁草原山水林田湖草沙一体化保护和修复工程。

　　2023年6月6日，中共中央总书记、国家主席、中央军委主席习近平在内蒙古巴彦淖尔市考察，主持召开加强荒漠化综合防治和推进"三北"等重点生态工程建设座谈会并发表重要讲话。习近平指出："要突出治理重点，全力打好科尔沁、浑善达克两大沙地歼灭战，科学部署重大生态保护修复工程项目，集中力量打歼灭战。"

科尔沁沙地自然景观（崔向慧 摄）

　　科尔沁草原"山水林田湖草沙"一体化保护和修复工程实施的总体思路是，围绕"科尔沁草原生态功能提升"一个核心目标，聚焦"草原退化、土地沙化及地下水水位下降"三个关键问题，系统实施"退化草原生态保护与修复、土地沙化综合治理、地下水超采治理"三大任务，设计"退耕还草与草原生态修复工程、小流域综合治理与植被修复工程、矿山生态治理与植被修复工程、沙化土地综合治理工程、林地防风固沙功

防治措施

能提升工程、水资源节约与再利用工程、河湖湿地保护和修复工程、农田生态治理工程、生物多样性保护工程、生态保护和修复支撑体系工程"十类工程，布局"退化草原生态保护修复单元、土地沙化生态治理修复单元、地下水超采治理修复单元"三个单元，对科尔沁草原进行整体保护、系统修复、综合治理（图7.8）。

实施科尔沁沙地全域治理，做开展高质量林草植被建设的践行者

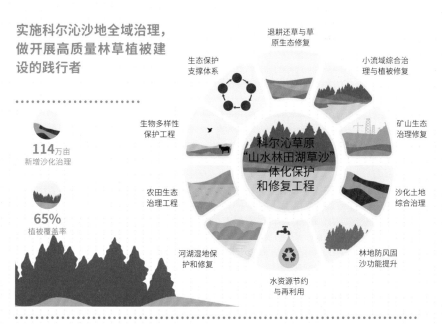

114万亩
新增沙化治理

65%
植被覆盖率

生物多样性保护工程

农田生态治理工程

河湖湿地保护和修复

生态保护支撑体系

退耕还草与草原生态修复

小流域综合治理与植被修复

矿山生态治理修复

科尔沁草原"山水林田湖草沙"一体化保护和修复工程

沙化土地综合治理

林地防风固沙功能提升

水资源节约与再利用

图7.8　通辽治理模式

治理成效

工程实施后，在草原保护和修复方面，新增退耕还草还林面积6.2万亩，草原管护治理恢复面积780万亩，退化草原治理率提升12个百分点，草原综合植被盖度达到65%（图7.8）。在土地沙化治理方面，新增沙化土地治理面积114万亩（图7.8），重度沙化土地治理率提高29.3%；在地下水超采治理、水资源保护与节约方面，农业用水与城市用水节约量达到3.96亿m^3/年，节水量占平原区地下水可采量的21.17%，地下水水位下降趋势得到有效遏制。通过以上措施，新增植被固土量182万t/年，植被固碳量达到55.5万t/年，沙区土壤风蚀量下降约8%，最终实现"一增两提"目标，即科尔沁草原生态系统服务功能全面增强，"北方防沙带"主导功能显著提高，西辽河流域生态支撑能力持续提升。

章古台案例

区域概况

章古台隶属辽宁省阜新市彰武县，地处科尔沁沙地南部（图7.9），气候属于亚湿润半干旱区，不仅风多、风大、风急，而且年均降水量在488.3mm，极端年份曾达到262.3mm（1967年），而同期蒸发量却是降水的3~5倍。加之，风期与旱期同步，形成"十年九旱"。章古台地处半干旱农牧交错区，蒙古、华北植物区系交错地带，是我国东部林区向西部草原的过渡带，地处我国一级生态敏感带上，生态环境脆弱。新中国成立70多年来，一代又一代的章古台治沙人防沙造林、治用结合地接续奋斗，不断与沙地进行抗争。经多年治理，当地已形成以樟子松和杨树为主的固沙林。森林覆盖率从2.9%增加到64%（2018年），固沙林庇护着当地的基本农田，减轻了风剥沙压对农作物的危害，水土流失得到有效治理。

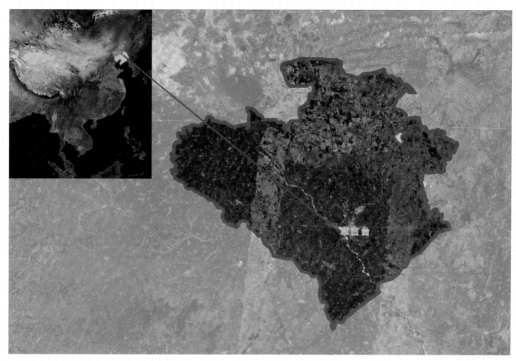

📍 图7.9　章古台地理位置图

　　2018年12月6日时任国家林业和草原局局长张建龙专程到彰武县章古台镇樟子松退化林分改造现场、彰武松赤松良种示范林现场调研。

　　2022年8月9日时任辽宁省省委书记、省人大常委会主任张国清到阜新彰武，就治沙造林情况、筑牢生态安全屏障进行调研。

彰武县自20世纪50年代以来，积极开展了防沙治沙的实践活动，70多年来，积极探索出了科尔沁沙地防沙治沙的有效途径与技术模式（图7.10）。

（一）草方格灌木固沙模式

在流动、半流动沙丘，采用草方格治沙。主要是利用作物秸秆等材料覆盖流沙表面，结合当地流沙形状和移动状况，确定草方格编制的规格及局部面积的大小。草方格分立式和平铺式两种，立式又分为立埋草把、立杆横串草把和立杆横编柳条、立埋枝条。

（二）樟子松等针叶树固沙造林模式

该模式为辽西主要的固沙造林模式，适用于年降水量350mm以上的半流动沙丘、固定沙丘。在前一年的雨季（6～7月）进行整地，深度10～12cm。造林时采用2年生壮苗成活率高。樟子松栽植方法主要有小坑靠壁法、隙植法和明穴倒坑栽植法，其中，小坑靠壁法是沙地栽植松树最常用的造林方法。沙地植松株行距1m×3m或1m×2m，每亩222～333株。栽植时可配置胡枝子、山杏、刺槐等，形成混交林。

（三）农田牧场防护林防沙模式

在易遭受风沙危害的农田，以及需要林木保护的草牧场，构建疏透结构林带，在一般风害区，宜构建通风结构林带。对于草牧场防护林建设，根据地形、土壤等条件的不同，在平坦沙地或地形起伏不大的沙地，建设樟子松带状防护林；在起伏相对较大的沙地，建设樟子松（赤松）群团状防护林；在流动半流动沙地及草场的边、角、隙地，建设固沙饲料林、片状用材林和生物围篱。

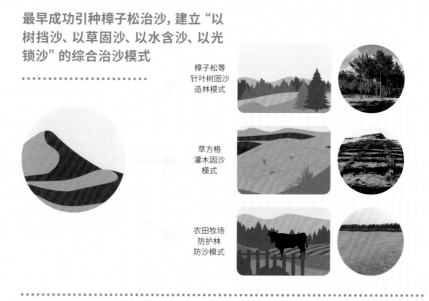

最早成功引种樟子松治沙，建立"以树挡沙、以草固沙、以水含沙、以光锁沙"的综合治沙模式

樟子松等针叶树固沙造林模式

草方格灌木固沙模式

农田牧场防护林防沙模式

♀ 图7.10　章古台治理模式

治理成效

利用草方格技术，使大部分流沙得到了治理。从20世纪50年代开始至80年代，辽西地区彰武、康平等地主要流动沙丘相继得到治理，变成固定沙丘，生态效益显著，具有一定的典型性和代表性。针叶树引种造林取得成功、应用范围广泛。在半干旱地区，采用樟子松固沙，能够

带状牧场防护林（党宏忠 摄）

有效防沙治沙，改善沙区生态面貌。充分利用沙区的土地资源，增加林木效益和杂草产量。农田防护林与草牧场防护林得到大量发展。辽宁彰武县章古台农田防护林推广到铁岭昌图县宝力镇和朝阳建平县太平乡，这些地区的农田防护林已成为辽宁西部有代表性的农田防护林典型模式。牧场防护林推广到彰武县阿尔乡镇白音花，成为辽宁西部半农半牧区草牧场治理的成功模式。

三、河西走廊—塔克拉玛干沙漠边缘阻击战：柯柯牙案例

情况概述

柯柯牙位于中国最大沙漠塔克拉玛干沙漠西北缘（图7.11），是新疆重点风沙源地。土壤盐碱量平均值高达5.58%，最高含盐量达9.87%。气候干旱，年平均气温10.16℃，年降水量56.7mm，年蒸发量1972.9mm，历年平均风速1.7m/s。

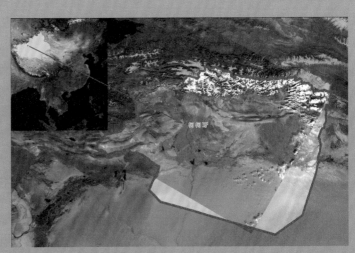

图7.11 柯柯牙地理位置图

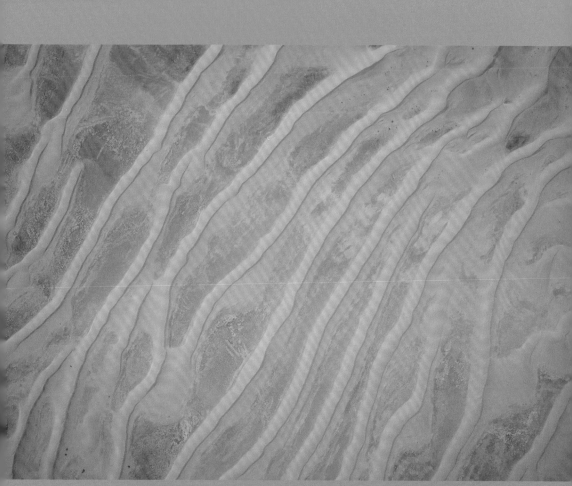

柯柯牙所在的塔克拉玛干沙漠自然景观（周杰 摄）

2017年12月，习近平总书记在中央经济工作会议上指出："从塞罕坝林场、右玉沙地造林、延安退耕还林、阿克苏荒漠绿化这些案例来看，只要朝着正确方向，一年接着一年干，一代接着一代干，生态系统是可以修复的。"

2023年6月6日，中共中央总书记、国家主席、中央军委主席

柯柯牙纪念馆（卢琦 摄）

习近平在内蒙古巴彦淖尔市考察，主持召开加强荒漠化综合防治和推进"三北"等重点生态工程建设座谈会并发表重要讲话。习近平深刻指出："要因地制宜、科学推广应用行之有效的治理模式。四十多年来，我们创新探索了宁夏中卫沙坡头模式、内蒙古磴口模式，还有库布其模式、新疆的柯柯牙模式等一大批行之有效的治沙模式。"

"从塞罕坝林场、右玉沙地造林、延安退耕还、阿克苏荒漠绿化这些案例来看，只要朝着正确句，一年接着一年干，一代接着一代干，生态系统可以修复的。"

——习近平

2017年12月18日

柯柯牙纪念馆（卢琦 摄）

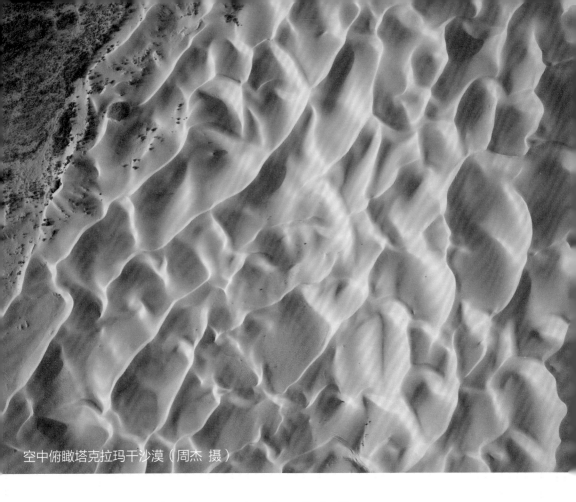

空中俯瞰塔克拉玛干沙漠（周杰 摄）

措施成效

（一）四期绿化工程

从1986年开始实施到2015年结束，30年间，投入390万人次进行54次造林绿化大会战，在荒漠戈壁上植树造林115.3万亩，累计植树1337万株，在荒漠戈壁上建成了南北长55km、东西宽47km的防风治沙"绿色长城"，让昔日戈壁荒滩成为各族群众增收的绿洲果园，锻造了闻名中外的柯柯牙精神（图7.12）。

（二）沟植沟灌压碱造林技术

沙壤土秋季造林以及黏土和盐碱土冬季压碱、春季造林：采取开沟植树的栽植方式（图7.12）。一是节约灌溉用水，每亩可比漫灌节约用水40m³。二是灌水压碱效果好，使盐碱地土壤平均含盐量由2.87%降为0.8%，保证了栽植沟内的苗木成活。三是保墒效果好，开沟栽树灌水后，整个冬季沟上部分失水多，风干厚度为30cm，而栽植沟内土壤于来年3月测定，风干度为3~5cm，下部为冻土，解冻后土壤墒度高达70%~80%，确保了秋栽苗木的安全越冬，苗木无抽干、风干现象。

（三）引洪淤灌土壤改良技术

沙地引洪淤灌造林：把含有肥沃细泥的洪水引入沙丘或沙荒地里（图7.12）。在每年6~8月洪水来临之前，在宜林荒地或沙荒地，开渠堵坝，引洪灌溉，改善土壤质地。第二年，平整土地，翻耕土壤，混合风沙土和淤泥，改善土壤

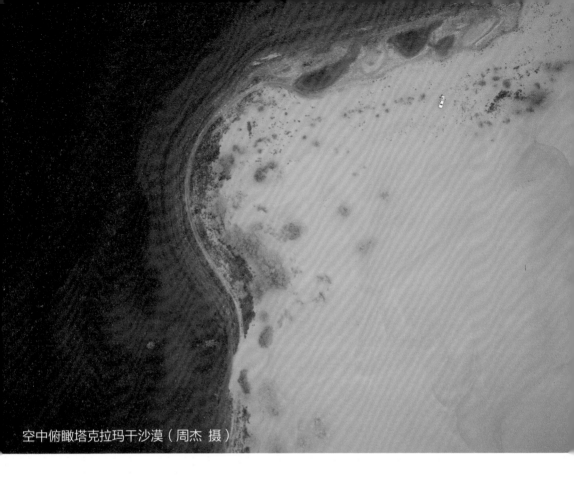

空中俯瞰塔克拉玛干沙漠（周杰 摄）

质地，并开沟定植苗木。

戈壁引洪淤灌造林：在每年6~8月洪水来临之前，根据林带种植方案，先在戈壁沙地隔带开沟，沟深度40cm，然后引进含泥沙量很大的浑浊洪水，让洪水自由下渗，泥沙沉积在流沙和戈壁表面。一般情况下，引洪1次，可增加土层3~5cm，沟里的泥沙可达到20cm。待到沟里的泥沙厚度大于20cm以后，挖种植坑种植核桃、杨树、杏树等。

（三）"88323"整地技术

提出并推广"88323"整地技术，即定植坑深80cm、宽80cm、肥料30cm（图7.12）、回填表土20cm、苗木根系栽植区30cm。推广应用近10万hm²。随机抽样数据表明，核桃和红枣应用该技术，定植当年成活率比常规提高20%~30%，平均生长量提高30~40cm。

建设荒漠戈壁上的绿色长城，铸就"自力更生、团结奋斗、艰苦创业、无私奉献"的柯柯牙精神

115.3万亩
植树造林

1137万株
植被

❶ 土壤改良
把含有肥沃细泥的洪水引入沙丘或沙荒地，提高土壤肥力。

❷ 标准化整地
提出并推广"88323"整地技术标准。

❸ 开沟造林
沙壤土秋季造林和盐碱土冬季压碱春季造林，采取开沟植树方式。

❹ 戈壁滩绿化
最终在荒漠戈壁上建成今天的防风治沙"绿色长城"。

📍 图7.12 柯柯牙治理模式

第八章
"中国药方"经验分享

　　"要广泛开展国际交流合作，履行《联合国防治荒漠化公约》，积极参与全球荒漠化环境治理，重点加强同周边国家的合作，支持共建'一带一路'国家荒漠化防治，引领各国开展政策对话和信息共享，共同应对沙尘灾害天气。"

　　——2023年6月6日，内蒙古自治区巴彦淖尔市，中共中央总书记、国家主席、中央军委主席习近平在加强荒漠化综合防治和推进"三北"等重点生态工程建设座谈会上的重要讲话

库布齐沙漠锁边固沙植被建设（崔桂鹏 摄）

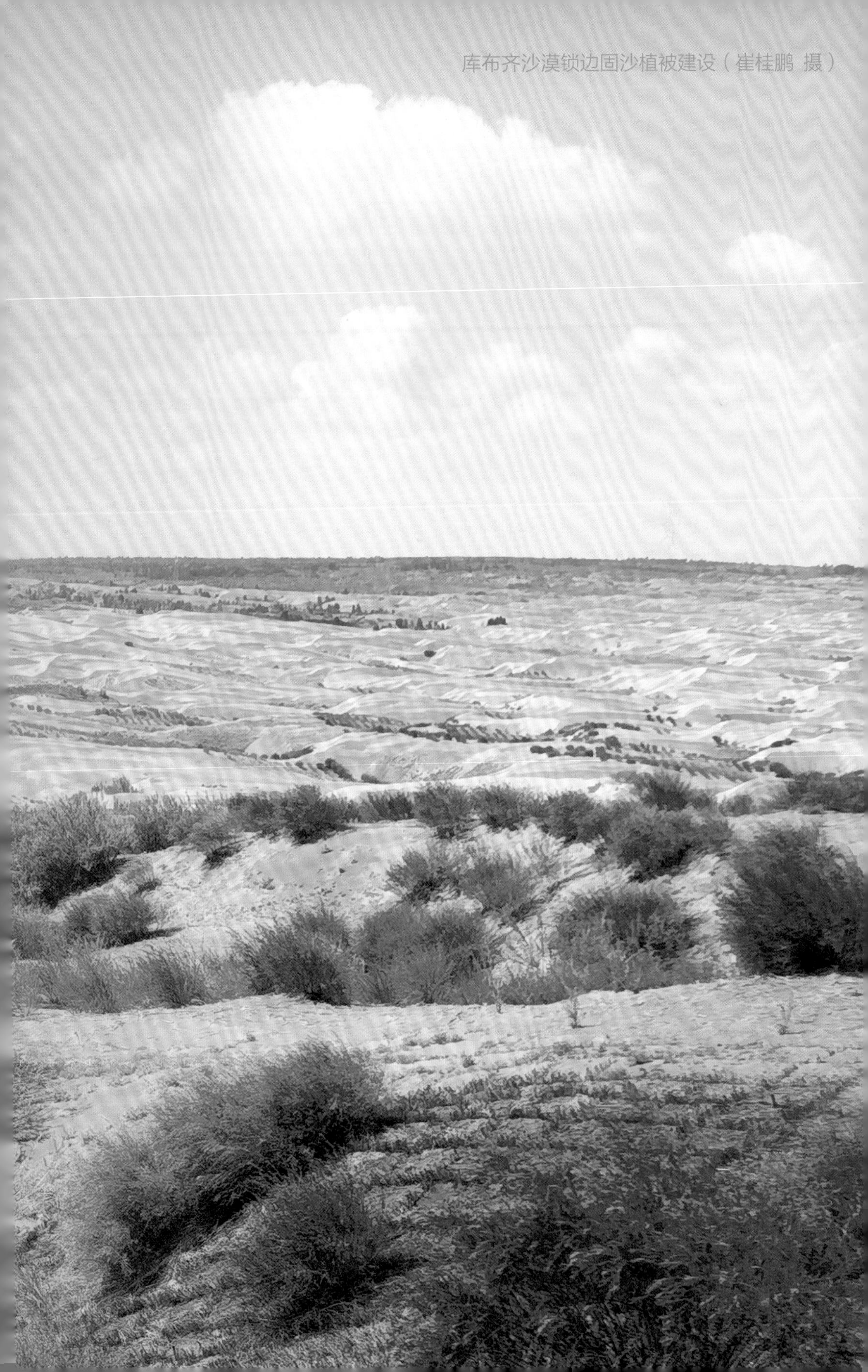

一、中国治沙行动与历程

70多年来，我国针对不同生物气候带建立了多种类型的荒漠化治理模式和技术体系。中国治沙70年大致可分为三个阶段。

全民动员、进军沙漠的起步阶段：1949年新中国成立之初，成立了林垦部，组建了冀西沙荒造林局。进入20世纪50年代，国务院成立了治沙领导小组，在陕西榆林成立了陕北防护林场，在陕西榆林和甘肃民勤等沙区实现了首次飞播造林种草试验。1956年，包兰铁路沙坡头段使用草方格沙障固沙技术并取得成功。1959年，由中国科学院组织各领域众多科技工作者对我国的大部分沙漠、沙地和戈壁开展了综合考察。

国家意志、工程带动的发展阶段：1978年，国务院正式批复"三北"防护林体系建设工程，成为我国生态建设史上的里程碑事件。1991年国务院召开了全国防沙治沙工作会议，之后又出台了《1991—2000年全国防沙治沙规划纲要》并启动了全国防沙治沙工程。2000年伊始，退耕还林还草工程、京津风沙源治理工程试点等国家重大生态工程先后启动，由此开启了由国家重大生态工程带动荒漠化治理的新高度。2002年1月1日，《中华人民共和国防沙治沙法》开始施行，中国防沙治沙工作走上了法制化的轨道。

以外促内、提速增效的推进阶段：1994年10月签署的《联合国荒漠化公约》标志着我国的荒漠化防治工作正式与国际接轨，从中央到地方，多层次、跨领域、齐抓共管的管理体制逐步形成。从1995年提交第一个国家履约行动方案到2017年成功举办《联合国荒漠化公约》第十三次缔约方大会（COP13），我国荒漠化防治工作以外促内达到了国际领先的新局面。2016年6月17日，在联合国《2030年可持续发展议程》制定后的第一个"世界防治荒漠化和干旱日"，我国发布了《"一带一路"防治荒漠化共同行动倡议》。

"荒漠化"至今仍然是全球面临的重大环境问题和发展瓶颈，严重威胁着陆地生态安全与经济社会可持续发展。工业革命带来的全球土地大开垦运动，导致陆地表面发生了天翻地覆的巨变，打破了自然生态系统的原有平衡，地表沙化、土地荒漠化应运而生、如影随形。荒漠化严重制约着我国的生态安全和社会经济可持续发展。我国每年因荒漠化问题造成了巨大的生态和经济损失，将近4亿人直接或间接受到荒漠化问题的困扰。荒漠化在我国最主要的表现形式之一是土地沙化。

面对这一世界性顽疾——"地球癌症"，参照中国70年防治荒漠化的"四梁八柱"方略和经验，笔者为全球荒漠化治理开出"四味良药"：一是制定公约议定书，统一全球履约和守约"度量衡"；二是构建全球观测网，遥看旱地变化方寸间；三是编制全球自然沙漠（遗产）名录，为后代留下一片原生沙海；四是启动"全球治理"行动，力争实现2030年土地退化零增长目标。

二、"四个一"的"中药良方"

尝试按照传统中医理念，把治沙技术分为"单方、验方和秘方"三大类，外加重建一"妙方"，即"四个一"。

治沙"单方"。顾名思义就是指利用单项技术快速治理沙害的"处方"，例如机械沙障的"草方格"技术，被外国人誉为"中国魔方"，其他还有化学固沙技术，像液体地膜、沥青乳剂等；也有最近几年民间组织发起的"蚂蚁森林""一亿棵梭梭"等项目。

治沙"验方"。通过多年实践证明，生产上行之有效的一些综合治沙技术，是对单项技术的组装、配套，实现了沙害治理的技术集成和创新，典型代表包括："以固为主、固阻结合"的铁路、公路治沙体系（如包兰铁路沙坡头段和塔干公路的综合防沙治沙体系），实现以水定绿的"低覆盖度防沙治沙技术体系"等。其中，中国交通干线风沙危害防治模式及应用已处于国际领先地位。

治沙"秘方"。根据各地不同的气候、土壤类型及生态经济需求，发展出适用于不同生态－地理区域的一揽子解决方案。目前，我国较为成功的一些防沙治沙模式有：适用于极端干旱区的"和田模式""阿克苏模式""敦煌模式""额济纳模式"等；适用于干旱区的"临泽模式""民勤模式""沙坡头模式""磴口模式""库布其模式""二连模式"等；适用于半干半湿地区的"榆林模式""右玉模式""赤峰模式""塞罕坝模式""章古台模式""奇台模式"等；还有适用于高寒特殊生境的"共和沙珠玉模式""贵南黄沙头模式""玛曲模式""若尔盖模式"等。

治沙"妙方"：沙漠建新城。阿拉尔、格尔木、康巴什、乌海、巴彦浩特、沙坡头区等都是沙漠中崛起的宜居之城。实际上，新疆沙漠变绿洲的历史，也是新疆生产建设兵团（简称新疆兵团）从"屯垦戍边"向"建城戍边"转变的历史。20世纪90年代以来，新疆兵团逐步确立了师建城市、团场、建镇的城镇化发展思路。目前新疆兵团已建成10座自治区直辖县级市（兵团管辖），美丽的阿拉尔就是最好的一个实证；而最近建成的一个则是胡杨河市。

三、一张蓝图绘到底

预计到2035年，我国荒漠化防治将取得决定性进展，荒漠和荒漠化地区治理体系和治理能力现代化基本实现，可持续发展能力大幅提升。荒漠化和沙化土地面积保持连续减少趋势，沙化程度明显减轻，沙区植被覆盖基本稳定，沙区生态环境根本好转，四大沙地、沙漠绿洲、青藏高原、黄河流域、京津冀周边等重点区域生态状况显著改善，筑牢北方生态安全屏障的目标基本实现。国家沙漠公园建设体系逐步完备。沙区绿色产业支撑能力显著增强，沙区资源合理利用体制机制基本形成，建成比较完整的绿色产业体系。同时，在服务国家生态文明建设需求的基础上，将更好地满足国际履约需求和推进实现"土地退化零增长"目标。

根据中国自然禀赋条件的地区差异，谋划未来不同区域的荒漠化防治重点目标任务。中国陆地在传统上分为三大阶梯，本文将蓝色国土以及海岸带地区单独列为"第四台阶"，按四大台阶分区施策，规划相应荒漠化防治重点任务。

第一台阶（我国陆地三级阶梯中的第一阶梯，包括青藏高原地区）是高海拔高寒地区，核心目标任务是三江源草地退化与荒漠化防治、冻融荒漠化治理，保障中华水塔生态安全。

第二台阶（第二阶梯，包括西北内陆、内蒙古高原、黄土高原、四川盆地、云贵高原等地区）是我国干旱区、半干旱区主要分布区，是荒漠化防治和"三北"工程"三大标志性战役"的主战场，核心目标任务是打好黄河"几字弯"攻坚战，主攻黄河岸线控沙与光伏治沙，确保黄河安澜，再造一个"新时代塞外江南"；打好河西走廊—塔克拉玛干沙漠边缘阻击战，主攻风沙口治理、遗产地保护，打造成"一带一路"生态文明样板间；加强沙尘源区和沙尘途经区生态治理，保障我国北方防沙带生态安全，提升农田生态系统质量。

第三台阶（第三阶梯，包括东北平原、华北平原、华东、华南地区）是半干旱—半湿润区、湿润区的主要分布区，核心目标任务是打好科尔沁—浑善达克沙地歼灭战，主攻高质量林草建设，恢复昔日稀树草原景观，完全"斩断"此处入侵京津的风沙源；实施好京津风沙源治理、东北黑土地治理工程。

第四台阶（蓝色国土以及海岸带地区）是岸线沙地、海洋分布区，核心目标任务是海岸沙地荒漠化防治、保障国家蓝色国土的生态安全。

一方面，四个台阶的荒漠化防治各有其重点目标任务；另一方面，四个台阶的荒漠化防治都将为国家生态建设作出相应贡献，并融入国家生态治理大局，构建国土海陆统筹治理的壮美蓝图，实现从"大国治沙"到"大国治理"的升华。

参考文献

程弘毅. 河西地区历史时期沙漠化研究[D]. 兰州：兰州大学, 2007.

程磊磊, 郭浩, 卢琦. 荒漠生态系统服务价值评估研究进展[J]. 中国沙漠, 2013, 33(1): 281-287.

崔桂鹏, 肖春蕾, 雷加强, 等. 大国治理：中国荒漠化防治的战略选择与未来愿景[J]. 中国科学院院刊, 2023, 38(7): 943-955.

董光荣, 靳鹤龄, 王贵勇, 等. 中国沙漠形成演化与气候变化研究[J]. 中国科学院院刊, 1999(04): 276-280.

董光荣, 李森, 李保生, 等. 中国沙漠形成演化的初步研究[J]. 中国沙漠, 1991, 11(04): 27-36.

董玉祥. "荒漠化"与"沙漠化"[J]. 中国科技术语, 2000, 2(4): 18-21.

樊自立, 马英杰, 王让会. 历史时期西北干旱区生态环境演变过程和演变阶段[J]. 干旱区地理, 2005(01): 10-15.

冯剑丰, 李宇, 朱琳. 生态系统功能与生态系统服务的概念辨析[J]. 生态环境学报, 2009, 18(4): 1599-1603.

冯益明, 吴波, 周娜, 等. 基于遥感影像识别的戈壁分类体系研究[J]. 中国沙漠, 2013, 33(3): 635-641.

高尚玉, 王贵勇, 金炯. 中国沙漠形成演化与气候变化研究[J]. 地球科学进展, 1999, 14(01): 43.

国家林业和草原局. 中国防治荒漠化70年[M]. 北京：中国林业出版社, 2020.

国家林业局. 中国沙漠图集[M]. 北京：科学出版社, 2018.

何彤慧. 毛乌素沙地历史时期环境变化研究[D]. 兰州：兰州大学, 2009.

侯仁之. 从红柳河上的古城废墟看毛乌素沙漠的变迁[J]. 文物, 1973, 1: 35-41.

侯仁之. 从人类活动的遗址探索宁夏河东沙区的变迁[J]. 科学通报, 1964, 3: 226-231.

景爱. 沙漠考古通论[M]. 北京: 紫禁城出版社, 2000.

雷加强, 高鑫, 赵永成, 等. 河西走廊—塔克拉玛干沙漠边缘阻击战: 风沙形势与防治任务 [J]. 中国科学院院刊, 2023, 38(7): 966-977.

李并成. 河西走廊历史时期沙漠化研究[M]. 北京: 科学出版社, 2003.

李文华. 生态系统服务功能价值评估的理论、方法与应用[M]. 北京: 中国人民大学出版社, 2008.

卢琦, 崔桂鹏, 孙楷. 关于在国土分类管理中设立生态用地的构想[J]. 中国土地, 2021(05): 4-9.

卢琦, 郭浩, 吴波, 等. 荒漠生态系统功能评估与服务价值研究[M]. 北京: 科学出版社, 2016.

卢琦, 万志红, 程磊磊. 人类, 你对荒漠知多少?[J] 生态文明世界, 2015(3): 34-43.

卢琦, 肖春蕾, 包英爽, 等. 打赢"三北"攻坚战, 再造一个"新三北": 实现路径与战略规 划[J]. 中国科学院院刊, 2023, 38(7): 956-965.

欧阳志云, 靳乐山, 等. 面向生态补偿的生态系统生产总值（GEP）和生态资产核算[M]. 北 京: 科学出版社, 2018.

尚玉昌. 普通生态学[M]. 北京: 北京大学出版社, 2010.

孙保平. 荒漠化防治工程学[M]. 北京: 中国林业出版社, 2000.

王守春. 历史时期我国沙漠变迁研究与历史地理学[J]. 中国历史地理论丛, 1985(02): 54-65.

王涛. 中国沙漠与沙漠化[M]. 石家庄: 河北科学技术出版社, 2003.

肖生春, 肖洪浪, 卢琦, 等. 中国沙漠生态系统水文调控功能及其服务价值评估[J]. 中国沙 漠, 2013, 33(5): 1568-1576.

杨维西. 中国荒漠的形成、演化与现状[J]. 大自然, 2014(06): 4.

赵哈林. 英汉荒漠与荒漠化词典[M]. 北京: 海洋出版社, 2001.

中国科学院中国自然地理编辑委员会. 历史自然地理[M]. 北京: 科学出版社, 1982.

周成虎. 地貌学辞典 [M]. 北京: 中国水利水电出版社, 2007.

周健民, 沈仁芳. 土壤学大辞典 [M]. 北京: 科学出版社, 2013.

朱俊凤, 朱震达. 中国沙漠化防治 [M]. 北京: 中国林业出版社, 1999.

朱震达. 三十年来中国沙漠研究的进展 [J]. 地理学报, 1979, 34(04): 305-314.

朱震达. 中国土地沙漠化现状趋势及其治理 [J]. 中国地质灾害与防治学报, 1990(3): 9.

邹逸麟, 张修桂. 中国历史自然地理 [M]. 北京: 科学出版社, 2013.

CHEN H, SU Z, YANG P, et al. Preliminary reconstruction of the desert and sandy land distributions in China since the last interglacial period[J]. Science in China, Series D, Earth sciences, 2004, 47(S1): 89-100.

COSTANZA R, D'ARGE R, DE GROOT R, et al. The value of the world's ecosystem services and natural capital[J]. Nature, 1997(387): 253-260.

DAILY G C. Nature's Services: Societal Dependence on Natural Ecosystems[M]. Washington DC: Island Press, 1997.

EHRLICH P, EHRLICH A. Extinction: The Causes and Consequences of the Disappearance of Species[M]. New York: Random House, 1981.

LI H, LIU F, CUI Y, et al. Human settlement and its influencing factors during the historical period in an oasis-desert transition zone of Dunhuang, Hexi Corridor, northwest China[J]. Quaternary International, 2017, 458(6):113-122.

LU H, YI S, XU Z, et al. Chinese deserts and sand fields in last glacial maximum and holocene optimum[J]. Chinese Science Bulletin, 2013, 58(23): 2775-2783.

Millennium Ecosystem Assessment (MEA). Ecosystems and Human Well-being: A Framework for Assessment[M]. Washington DC: Island Press, 2005.

SAFRIEL U, ADEEL Z, NIEMEIJER D, et al. Dryland systems Ecosystems and Human Well-being: Current State and Trends[M]. Washington DC: Island Press, 2005.

SHI Z, CHEN T, STOROZUM M J, et al. Environmental and social factors influencing the spatiotemporal variation of archaeological sites during the historical period in the Heihe River basin, northwest China[J]. Quaternary International, 2019, 507(FEB.25): 34-42.

SUN J M . Origin of eolian sand mobilization during the past 2300 years in the Mu Us Desert, China[J]. Quaternary Research, 2000, 53(1): 78-88.

TURNER K R, GEORGIOU S, FISHER B. Valuing Ecosystem Services: The Case of Multi-functional Wetlands[M]. London: Earthscan, 2008.

附录一　基本概念

荒漠

　　荒漠是降水量少而蒸发量大、具强烈大陆性气候特征、植被稀疏而地面组成物质粗瘠的地区。荒漠按照地表物质组成可分为：沙漠、砾漠、岩漠、泥漠、盐漠等。按照所属地理位置可分为：热带荒漠、亚热带荒漠和温带荒漠3个基本类型。

世界最高海拔沙漠库木库里沙漠里形成"沙漏"的沙子泉（崔桂鹏 摄）

巴丹吉林沙漠高大沙山（崔向慧 摄）

沙漠

沙漠是指以风为主要营力，经过侵蚀和堆积而形成的沙质荒漠，其地表面沙层覆盖，沙丘广布。沙漠依据水分条件和沙丘固定状况可分为：流动沙漠、半固定沙漠和固定沙漠。中国地理学界把分布在中国贺兰山以西的主要由流动沙丘组成的干旱荒漠地区称为沙漠；把水分条件较好，以固定、半固定沙丘为主，分布在半干旱草原以及部分半湿润地区疏林草原的沙漠称为沙地。

沙地

　　沙地的地理学概念主要是指分布于干旱、极干旱地区以外的沙质

土地中以固定、半固定沙丘或以沙质覆盖为主的区域。中国地理学界

把降水200~400mm的半干旱地区和400~600mm的半湿润地区、

温度条件跨越暖温带和温带区、植被生物带自东南向西北为森林草原

过渡带和干草原地区的类沙漠景观称为沙地。

浑善达克沙地榆树（*Ulmus pumila*）疏林天然群落（王锋 摄）

戈壁

　　戈壁是指在干旱或极端干旱区受长期、强烈的风蚀或物理风化作用，广泛分布于地势开阔地带且地表由砾石覆盖的一类荒漠景观。

荒漠化

　　荒漠化是指在干旱、半干旱和一些半湿润地区，生态环境遭到破坏，造成土地生产力的衰退或丧失，形成荒漠或类似荒漠的过程。

阿尔金山山前冲积扇戈壁（崔桂鹏 摄）

阿尔金山山前冲积扇戈壁（崔桂鹏 摄）

《联合国防治荒漠化公约》定义为"包括气候变异和人类活动在内的种种因素造成的干旱、半干旱和亚湿润干旱地区的土地退化。"荒漠化按照主导成分可分为：风蚀荒漠化、水蚀荒漠化、冻融荒漠化和盐渍荒漠化。

沙漠化

沙漠化即狭义荒漠化，是指在极端干旱、干旱与半干旱和部分半湿润地区的沙质地表条件下，由于自然因素或人为活动的影响，破坏了自然脆弱的生态系统平衡，出现了以风沙活动为主要标志，并逐步形成的风蚀、风积地貌结构景观的土地退化过程。"沙漠化"定义的

库姆塔格沙漠梭梭沟上游退化死亡的梭梭群落（崔桂鹏 摄）

关键是"沙质地表条件"。"沙漠化"和"荒漠化"是两个不同的概念，"荒漠化"内涵更为丰富，"沙漠化"包含在"荒漠化"之中但又是一种常见的荒漠化情形。

沙化

沙化是指因气候变化和人类活动所导致的天然沙漠扩张和沙质土壤上植被破坏、沙土裸露的过程。根据《中华人民共和国防沙治沙法》，土地沙化是指主要因人类不合理活动所导致的天然沙漠扩张和沙质土壤上植被及覆盖物被破坏，形成流沙及沙土裸露的过程。沙化土地包括了已经沙化的土地和具有明显沙化趋势的土地。

荒漠化防治

荒漠化防治又称荒漠化治理，即在干旱、半干旱和亚湿润干旱区，为治理和预防土地荒漠化所采取的各种物理的、生物的、农业的和综合的技术措施与手段，其中包括营造的各种类型防护林体系、设立的自然保护区、进行的草场植被人工播种及复壮更新措施、实施的化学与力学固沙工程等，为防治水土流失所修建的各种拦沙蓄水、防洪护岸工程和梯田工程等，为治理土壤盐渍化所建立的排水工程和实行的冲洗改良措施、灌溉淋盐措施、农业耕作措施等。

附录二 沙尘暴的前世今生

"这两年，受气候变化异常影响，我国北方沙尘天气次数有所增加。现实表明，我国荒漠化防治和防沙治沙工作形势依然严峻。我们要充分认识防沙治沙工作的长期性、艰巨性、反复性和不确定性，进一步提高站位，增强使命感和紧迫感。"

——2023年6月6日，内蒙古自治区巴彦淖尔市，中共中央总书记、国家主席、中央军委主席习近平在加强荒漠化综合防治和推进"三北"等重点生态工程建设座谈会上的重要讲话

世界最高海拔（平均4000m）大沙漠库木库里沙漠（崔桂鹏 摄）

2023年3月20—22日，中国北方迎来了今年最严重的一次大范围沙尘天气。甘肃张掖地区再现震撼"沙墙"，首都北京"黄龙"遮天蔽日，华北、东北大部分地区都受到影响。而在两年前的2021年3月，中国北方刚刚经历了过去十年最强的一次沙尘天气。沙尘暴为什么再度来袭？沙尘暴究竟是不是人类造成的？沙尘暴能否"治理"，甚至被"消灭"？沙尘暴是中国问题，还是蒙古国问题？这些引发了坊间热议。

然而，事实上北方的沙尘暴次数在近50年呈现明显减少趋势。沙尘暴自古有之。《竹书纪年》有可能是中国最早的关于沙尘天气的记载"帝辛五年，雨土于亳"，描述了一次降"土"事件。白居易《长恨歌》"黄埃散漫风萧索"，表明起码唐朝就有沙尘暴了，而且该描述很接近北京这一轮沙尘天气。

1. 沙尘本天然，沙尘暴自古有之

沙尘暴更多的是一种自然现象、自然过程。气象上具备了起风条件，沙源区具备了起沙条件，沙尘暴就容易发生。我国西北地区、蒙古国南部戈壁地区、中亚荒漠地区，地表多覆盖天然的沙漠、沙地、戈壁，以及人为叠加自然原因形成的荒漠化土地和沙化土地（注意与天然沙漠有不同），这些地方通常植被稀少，一旦冬季的降雪在春季过早消融，没有了积雪的保护，裸露的地表沙物质就很容易随风起舞。此外，北方的农田、草原冬季缺少植被的保护，也容易产生沙尘。在世界上的非洲北部撒哈拉地区以及亚洲西部地区，同样如此。

大风天气和蒙古气旋，人类很难控制，但是沙源地和途经地的地表覆盖状况，人类完全可以主动作为。

沙尘无国界。高适《别董大二首》诗句"千里黄云白日曛"，"千里"二字尽管可能是诗人浪漫主义的夸张，但也暗示唐代这次沙尘暴的规模之大。事实上，首都北京距离蒙古国南部戈壁并不足"千里"。通过卫星影像来追踪，近年来很多次沙尘暴的最初起源地正是蒙古国南部，吹起沙尘暴的风是来自蒙古国，但沙源地不仅仅只是蒙古国，也有我国境内的沙漠、沙地、裸地等。如此看来，高适这首诗中相对更有名的两句"莫愁前路无知己，天下谁人不识君"，岂不正是沙尘暴的绝佳写照——就像这一轮源自蒙古国南部的沙尘，"前路"有"知己"，沿途一路裹挟地表沙，肆虐华北、东北，天下无人不识沙尘暴。

而从地质学的视角，沙尘暴自古有之，在漫长的地质时期一直存在。只是进入"人类世"后，人们逐渐认识到沙尘暴对社会经济和生态环境具有一定的破坏作用，认为这是一种突发性的气象灾害和生态灾难。往更早的历史看，千百万年来沙尘的持续堆积，孕育了我国的黄土高原，这里是中华文明诞生的地方。沙尘暴一方面对人们的生活带来困扰、给人民群众财产带来威胁，另一方面对大自然却"功勋卓著"。沙尘暴在全球生态环境中扮演着重要的角色，如"阳伞效应""冰核效应""中和酸雨效应"，更重要的则是"铁肥效应"，沙尘带来的铁元素会促进海洋的初级生产，消耗大量的温室气体 CO_2，是海洋固碳的催化剂、助推器。

2. 沙尘暴可防，生态工程有功

虽然沙尘暴通常是一种自然现象，但人类不顾自然规律的逆天作为，也容易招来沙尘暴灾害，例如，1930年代美国不合理开垦土地造成的"黑风暴"就酿成震惊世界的巨大灾难。天然沙漠、沙化和荒漠化土地提供了丰富的沙源，既然人类不可能消灭沙漠，也就无法消灭沙尘暴。沙尘暴不能被消灭，但土地沙化可防可治，这方面我国已经取得了举世瞩目的成就。荒漠化防治是减少沙尘暴频率和危害的有效手段。

中国的荒漠化防治在全球处于领先水平，实现了荒漠化和沙化土地面积"双减少"、程度"双减轻"。中国北方开展的一系列重大生态工程，如"三北"防护林、京津风沙源治理等，对改善三北地区生态环境起到了重要作用，间接地改善了下垫面的自然条件。"三北"防护林并不是专门"治疗"沙尘暴的"专用药"和"特效药"。我国的防护林建设已经做得很好了，但是在这样的情况下，春季沙尘暴天气也无法避免。那么，如果没有防护林呢？后果将更加不堪设想。

3.科学认知沙尘暴，推动跨境全域治理

尽管当前社会上对沙尘暴还存在一些认识上的误区，但是人们对美好的生态环境的追求切实存在。我们一方面要了解沙尘暴的形成机理和控制因素，接受沙尘暴的客观存在，另一方面也要尊重自然规律、顺应自然法则，人人参与荒漠化防治，在适合造林、需要造林（例如，农田防护林、防风固沙林）的地方造林，适合种草的地方种草，天然存在荒漠的地方就让荒漠继续存在。目前，我国西北地区对自然资源不合理的过度开发已经得到根本性遏止。今后，重视生态用水、生态用地规划，是改善生态环境的必由之路。

沙尘暴预防、沙源地治理需要加强全球治理、全域治理、全过程治理。境外沙尘暴灾害随时有可能进入我国，周边国家（中亚一路、蒙古一路）沙尘暴的威胁始终存在，相关工作需要全球努力。近年来，中蒙两国持续加强荒漠化治理双边合作。2022年11月，中蒙两国最高领导人会晤时，中方提出"愿同蒙方探讨设立中蒙荒漠化防治合作中心"，将跨境全域治理、共同保障两国人民福祉推向新的高度，未来将为中蒙双方携手推进防治荒漠化提供科技支撑、决策支持和智库服务。

黄土高原见证荒漠和沙尘的由来

　　我国黄土和第四纪研究的先驱、国家最高科技奖得主、中国科学院院士刘东生将黄土定义为"风力搬运、未经次生扰动的粉沙质土状堆积物"。中国科学院地质与地球物理所研究员、中国科学院院士郭正堂更是形象地将沙尘暴的源区——荒漠比作黄土的"母亲"，将强劲的风力比作黄土的"父亲"。关于沙尘暴的前世，第四纪科学家们在黄土高原上的黄土–红土地层中，找到了至少2200万年以来风成"沙尘"连续不断堆积的证据，尽管在260万年前，黄土高原似乎更应该被称为"红土高原"（如今看到的彼时形成的红土地层要比黄土地层更加"发红"）。

　　更奇妙的是，在冰期（寒冷时期）和间冰期（温暖时期）交替出现的第四纪（260万年前至今），黄土高原在冰期时发育黄土层，在间冰期发育古土壤层。前者的粉尘堆积较厚，后者的粉尘堆积较薄。这似乎指示了，在不同的历史时期粉尘输送的多寡意味着沙尘暴发生的多少。丁仲礼院士更是在不同地点的黄土地层中发现自西北向东南粉尘颗粒由粗变细等自然规律，从而指示了古代沙尘的来源方向及其风力情况。可以说，黄土高原见证了沙尘暴的前世今生。

与此同时，那些古老的地质历史时期的沙尘暴，除了飘落在陆地上的粉尘，更有甚者可以漂洋过海，堆积在北太平洋的海底，甚至到北美大陆。科学家们通过对深海沉积物和北美黄土的追根溯源，业已证实这些粉尘部分来自亚洲内陆。通过类似的研究，地质学家和古气候学家重建了千百万年以来全球的气候变化特征。

有研究表明，在地质历史时期，粉尘的输入多少，甚至能通过影响海洋浮游生物的生产力，最终导致全球温度的变化……

附录三　打造三北科技新引擎

"实施'三北'工程是国家重大战略，要全面加强组织领导，坚持中央统筹、省负总责、市县抓落实的工作机制，完善政策机制，强化协调配合，统筹指导、协调推进相关重点工作。各级党委和政府要保持战略定力，一张蓝图绘到底，一茬接着一茬干，锲而不舍推进'三北'等重点工程建设，筑牢我国北方生态安全屏障。"

——2023年6月6日，内蒙古自治区巴彦淖尔市，中共中央总书记、国家主席、中央军委主席习近平在加强荒漠化综合防治和推进"三北"等重点生态工程建设座谈会上的重要讲话

沙漠绿洲建新城（宴先 摄）

"三北"工程在林草植被建设领域取得了伟大成就，新时期三北地区在生态建设、区域高质量协同发展、推动地方经济发展和乡村振兴方面遇到了新问题、新挑战，对"三北"工程的下一步安排提出了新要求。当前"三北"工程与新时代美丽中国－生态文明建设战略下人民群众期待的天蓝、地绿、水清、人和的美好生活仍存在差距。

1. 当前"三北"工程亟待实现华丽转身

全面统筹并一揽子解决三北面临挑战的一个优化方案，就是再造一个"新三北工程"，实现从"绿色三北"升级为"生态三北、美丽三北、幸福三北"的终极目标，为实现中国式现代化作出三北贡献。面向未来新机遇、新需求，更好地服务于实现中国式现代化，"新三北工程"亟待实现华丽转身。具体包括以下三个层面。

一是由单一植被建设全面转型为全域生态修复。不同于过去"三北"工程的大规模植被建设，"新三北工程"应统筹植被建设、防沙治沙、水土保持、草原修复、湿地保护、矿山修复等综合治理，优化国家生态安全屏障体系，统筹推进京津冀、内蒙古高原、河西走廊、塔里木河流域、天山和阿尔泰山等五大片区重点区域生态综合治理，统筹开展湿地恢复、水土流失综合治理、荒漠化防治，提高森林、草原、湿地和荒漠四大生态系统质量和稳定性。"新三北工程"的生态修复要做到"养防治用"（养护、预防、治理、利用）兼顾，在植被建设基础上，综合植被养护、风电光伏建设、高效开发利用、荒漠化防治等领域，打造三北靓丽风景线。

二是由区域整治全面转型为全域高质量发展。"新三北工程"统筹传统的林草建设、治沙、治水、治河、治山、治盐等区域和要素整治，加强与全域治理和区域高质量协同发展，保障人民福祉。当前，沙漠、沙地、戈壁光伏风电建设面临重大历史机遇期，亟需统筹社会资源，建立创新技术体系，促进区域加快转变发展方式，支撑实现人民幸福生活美好目标。在"三北"工程区新发展格局下，加快体制机制创新，保障人民群众通过积极参与植树造林、光伏治沙等同步实现生态治理和致富增收，创造"三生"和谐的协同发展良好局面。

三是由"三北"防护林建设全面转型为全域治理国家战略工程。"新三北工程"加强与乡村振兴、黄河流域高质量发展等重大国家战略的有机融合，实现"三北"工程的自我革新、全面转型。要全国一盘棋，各行各业齐携手，将"三北""治沙""双重""山水"等工程多规合一、多措并举、有机融合，再造一个"新三北工程"。通过"新三北工程"建设的一揽子解决方案，绘就三北地区生产生活生态"三生"和谐、经济高质量发展、人民群众满意的美好图景，为实现中国式现代化作出三北贡献，为全球生态文明建设打造中国样板。

2. 科技重心要前移

一是提升与国家重大战略相匹配的战略研究、机构建设和能力建设水平。当前国内针对"三北"工程和荒漠化综合防治尚缺乏一个专门的集基础研发、战略研究、政策研究于一体的实体型研究机构，对"三北"工程和荒漠化防治的科技支撑十分薄弱，严重制约了"新三北"的转型升级。"三北"等生态工程建设已经上升为国家重大战略，亟需建立与之相匹配的管理和科研机构体系，当前要动员国内各行业、社会各层面的力量，全国一盘棋，团结一心全力支持"三北"工程建设。相关领域机构和人员应切实提高思想站位、加快能力建设，积极投身防沙治沙和"新三北工程"建设伟大事业。

二是充分发挥科技在科学绿化中的发动机、助推器和催化剂作用。尽快设立一批国家重大科技专项，形成科技专项"网络"，加快科技攻关，打通科技最后一公里，加大科技投入，鼓励交叉学科研究，开展"揭榜挂帅"，孵化"黑科技"。建立与荒漠生态系统可持续发展需求相适应的长期观测、评价与研究网络体系。

三是加速研判生态用地、生态用水管理的长效机制。生态用地是生态产品的基础、生态服务的压舱石，事关国家生态安全大局，建议尽快将生态用地纳入实质性立法和国土分类管理，实施永久生态用地、基本生态用地、后备生态用地三级分类管理，实现永续发展。习近平总书记强调科学绿化要"一水四定"，生态用地、生态用水的配给不能只靠临时管控和调控，要有长效机制。不能"今年有、明年没"，吃了上顿没下顿，要建立相关长效机制。

四是高度重视、深入强化"三北"工程科学普及工作。当前，社会上对于防沙治沙、科学认识沙尘暴、如何看待"三北"工程、如何科学植树造林等话题，仍然存在一些认识上的误区，在科学上和舆论上存在个别的误读、曲解甚至误导现象。未来要进一步加强相关领域的科普宣传，鼓励科普创作、培育科普人才、提升科普质量，妥善应对错综复杂的国内外舆论形势。积极引导、逐步提升公众参与"三北"工程和防沙治沙的意识，全民参与、人人参与，鼓励社会资本参与。以防沙治沙为例，科普工作者要解读好"防治"的对象是什么，治沙治的究竟是沙漠，还是沙化、荒漠化等退化土地；防沙治沙实践中，哪些技术手段是科学的、合理的，哪些技术手段受到了过去时代和技术的限制。此外，面对"三北"防护林是不是"治疗"沙尘暴的"专用药"和"特效药"、是不是"慢效药"等话题，科普工作的重要意义就显示出来。

五是加强"绿色长城"国际合作，积极推动跨境全域治理。中国作为负责任的大国，是《联合国防治荒漠化公约》首批缔约国，一直以来高质量、超额完成国际履约任务，在世界上率先实现了"土地退化零增长"可持续发展目标。各类防治荒漠化及土地退化的"中国技术"和"中国模式"，可以为全球受荒漠化危害以及土地退化影响的国家和地区，特别是"一带一路"沿线国家，提供参考的样板和效仿的模板。未来，要进一步对接非洲绿色长城，以及中蒙、中阿、中非荒漠化防治合作，加强跨境沙尘和沙源地治理，共同应对沙尘灾害天气，尽快开展中蒙跨境沙源地综合治理。境外沙尘暴灾害的威胁始终存在，荒漠化防治需要加强全球治理、协同推进，沙源地、途经地的各方都需要团结协作。科技工作者在全球舞台上大有可为。支持智力出海、造福全球，推动防沙治沙的"中国方案"在全世界落地、开花、结果。

索 引